Chinese Terms in Turf Science

草坪学名词

草坪学名词审定委员会　著

中国林业出版社

图书在版编目(CIP)数据

草坪学名词 / 草坪学名词审定委员会著. —北京:中国林业出版社,
2013. 9

ISBN 978-7-5038-7149-8

Ⅰ. ①草… Ⅱ. ①草… Ⅲ. ①草坪 – 观赏园艺 – 名词术语
Ⅳ. ①S688. 4-61

中国版本图书馆 CIP 数据核字(2013)第 186635 号

中国林业出版社·教材出版中心
策划编辑:肖基浒　　　**责任编辑:**许　玮　肖基浒
电话:83282720　　　　**传真:**83220109

出版发行　中国林业出版社(100009　北京西城区德内大街刘海胡同 7 号)
　　　　　　E-mail: jiaocaipublic@ 163. com　　电话:(010)83224477
　　　　　　http://lycb. forestry. gov. cn
经　销　新华书店
印　刷　中国农业出版社印刷厂
版　次　2013 年 11 月第 1 版
印　次　2013 年 11 月第 1 次印刷
开　本　880mm × 1230mm　1/32
印　张　9. 125
字　数　260 千字
定　价　48. 00 元

《草坪学名词》审定委员会

前　言

在任何一门科学的发展进程中，其特有的名词术语与概念，对本门科学知识的传播，新理论的建立，国内外同行之间的科技交流，本门科技成果的推广、应用和生产技术的发展，以及科技图书文献的编纂、出版和检索，科技情报的传递等，都是十分重要的。科学概念被认为是科学知识的基本元素，是科学知识结构的基础，所以形成科学概念是深刻认识自然现象本质特征的标志，也是领会自然规律的基础。准确的科学概念可以更加深刻地认识事物与现象，促进科学知识的系统化和结构化，有助于发展逻辑推理能力。

全国自然科学名词审定委员会主任钱三强为我国科学技术名词的出版写过一篇序，他说："科技名词术语是科学概念的语言符号统一，科技名词术语是一个国家发展科学技术所必须具备的基础条件之一。"

草坪学是研究各类草坪植物、草坪建植、草坪养护管理的理论及技术的一门应用科学，也是将许多有关基础学科、技术学科集中运用于草坪这一生产综合体的应用科学。草坪学的发展随着草坪业的发展而发展。我国现代草坪业的发展较晚，草坪学也是草业科学中的后起分支学科。在草坪科学的教学、研究以及生产实践中，草坪科学名词术语在认识上、表述上多有不同，这在一定程度上影响了草坪科学技术的交流与成果的推广以及草坪科技的发展。

为了推动草坪科技的发展与交流，促进草坪科技成果的推广，提高草坪科技图书文献的编纂、出版和检索的水平与科技情报的传递，中国草学会草坪专业委员会于 2008 年组织了第一届"草坪学名词审定委员会"，着手草坪学名词的审定工作。历时 6 年，集草坪科技领域多位学者的智慧，几经修改，始成现在之版本。现在回首，仍有不能令人满意之处，期待草坪科技界同仁不吝指正。

借鉴全国科学技术名词审定委员会已公布出版的一些名词的体例，《草坪学名词》在编排上按照如下原则：

1. 草坪学名词共分 11 部分：总论 、草坪植物、草坪土壤、草坪生理、草坪生态、草坪育种、草坪建植与管理、草坪植物保护、草坪机械、运动场草坪、地被植物。

2. 正文按照所属学科相关概念体系排列，定义一般只给出基本内涵。中文名词后面给出了与该名词相对应的英文名。

3. 书末有中文索引和英文索引。中文索引按照名词汉语拼音顺序排列。英文索引按照英文词字母顺序排列。

草坪名词审定委员会

2013.01

目　　录

一、总　论

1.1 草坪 turf 指人工建植、管理的具有使用功能和生态功能、能够耐受适度修剪与践踏，通常以禾本科多年生草类为主形成的低矮、均匀、致密的草本植被；是草本植被的地上部分以及根系和表土层共同构成的整体。在具有一定设计、建造结构和庭院、园林、公园、公共场所的美化、环境保护、运动场等场所使用时通称草坪。

1.2 草坪草 turfgrass 构成草坪的植物称为草坪草。草坪草大多是质地纤细、株体低矮的禾本科草类。具体而言，草坪草是指能够形成草坪，并能耐受定期修剪和具有使用价值的一些草本植物。

1.3 冷季型草坪草 cool-season turfgrass 又称冷地型草坪草，是指最适生长温度为 15～25℃ 的草坪草。

1.4 暖季型草坪草 warm-season turfgrass 又称暖地型草坪草，是指最适生长温度为 25～35℃ 的草坪草。

1.5 草坪草种子 turfgrass seed 草坪草的有性繁殖体，多为颖果，或包被有颖片和稃片。

1.6 草坪学 turf science 研究草坪科学与技术的一门应用学科，是草业科学的一个分支。

1.7 草坪景观学 turf landscape science 研究草坪及草坪的空间和物质所构成的综合体在景观水平发生、发展规律的科学。

1.8 草坪生态学 turf ecology 研究草坪与其生存环境之间相互关系的科学。

1.9 **草坪美学 turf aesthetics** 是从人对现实的审美关系出发，以草坪作为主要对象，研究美、丑等审美范畴和人的审美意识，美感经验，以及美的创造、发展及其规律的科学。

1.10 **草坪经济学 turf economics** 研究草坪业如何利用资源以生产有价值的物品和劳务并将产品进行分配的过程及其规律的科学。

1.11 **草坪生物学 turf biology** 研究草坪生物组成中的生物结构、功能、发生和发展规律的学科。

1.12 **草坪业 turf industry** 以草坪绿地建植、养护、生产、管理、经营为核心的产业。

1.13 **草坪绿地设计 turf landscaping planning** 在一定的地域范围内，运用园林艺术和工程技术手段，通过改造地形（或进一步筑山、叠石、理水），搭配种植树木、花草等植物方式以建成特定目的草坪绿地的设计创造过程。

1.14 **草坪绿地 turf landscape** 是以草坪植物或者地被植物覆盖的土地，是园林绿化土地的重要组成部分。

1.15 **草坪草区划 planting zones for turfgrasses** 根据草坪草种的适应性和区域气候要素对草坪草适宜种植区域的划分。

1.16 **过渡带 turfgrass transitional zones** 位于两个典型气候带之间的区域；草坪草过渡带指最适宜种植冷季型草和最适宜种植暖季型草之间的广大区域。

1.17 **草坪生态系统 turf ecosystem** 由草坪草及其环境构成的具有一定组成、结构、功能和进行物质循环与能量交换的基本机能单位。

1.18 **草坪建植 turf establishment** 以播种或营养体繁殖方式，辅以各种培育措施形成成熟稳定草坪的过程。

1.19 **种子直播 turf seeding** 用草籽直接播种形成草坪的方法。

1.20 **营养繁殖 vegetative propagation** 又称无性繁殖。不经生

殖细胞结合的受精过程，由母体的一部分直接产生子代的繁殖方法。包括扦插、分株、压条、嫁接及组织培养。

1. 21　草坪管理　turf management　为保证草坪的坪用状态与持续利用而对草坪草进行日常和定期的养护措施与活动。

1. 22　草坪养护　turf maintenance　为实现草坪功能而对草坪实施的一系列措施的总称。包括灌溉、施肥、土壤通气、病虫害防治、覆盖、修剪、表施细土、碾压、施平、修复等。

1. 23　草坪绿期　turf green period　草坪全年维持绿色外观的时间。一般指草坪群落中50%的植物返青之日到50%的植物呈现枯黄之日的持续日数。

1. 24　草坪生境　turf habitat　指草坪的生长环境。包括草坪生长必需的物理生存条件和与其他生物构成的生态关系。

1. 25　草坪平整度　turf evenness　草坪坪床表面及其地上部分平整和一致的程度。

1. 26　草坪均一性　turf uniformity　草坪表面均匀一致的程度，也就是指某一草坪类群（可以是一个种或一种品种，但必须能够与另一草坪类群在外部形态上加以区别）在另一草坪类群中的分布状况在外貌上的反映。

1. 27　草坪机械　turf machinery，lawn machinery　用于草坪建植和养护管理的机械设备的总称。

1. 28　草坪工程　turf project　草坪生产的实践过程，包括草坪设计、建植和养护管理等多个生产环节。

1. 29　草坪工程监理　turf project monitoring　依据草坪工程承包合同和监理合同，贯彻执行国家有关法律、法规，促使甲、乙双方签订的草坪工程承包合同得到全面履行而进行的管理活动。

1. 30　草皮　sod　采用人工或机械将成熟草坪与其生长的介质

（土壤）剥离后，形成的带状或块状的草坪建植材料。

1.31 **草皮卷 rolled sod** 将草皮切成一定长度和厚度并将其卷叠成卷的草皮。

1.32 **草皮强度 sod strength** 草皮耐受外界拉张、践踏等方面的能力。草皮强度是衡量草皮质量的指标。

1.33 **草皮生产 sod production** 草皮产生的过程。

1.34 **草皮农场 sod farm** 专门生产草皮的专业农场。

1.35 **草坪分类 turf classification** 按照草坪的同质特点和性质对草坪进行的划分和归类。

1.36 **专用草坪 turf for special usage** 具有某种专门用途的草坪，如运动场草坪、绿地草坪、水土保持草坪等。

1.37 **天然草坪 natural turf** 自然生成的，具备草坪特征与功能，以草本植物为主的群落的总称。

1.38 **护坡草坪 slope-protecting turf，functional turf** 种植在铁路、公路、堤坝等保持水土、维护坡面稳定的草坪。

1.39 **疏林草坪 turf with trees** 生长于郁蔽度 0.3 ~ 0.6 高大乔木林中的草坪。

1.40 **实用型草坪 utility turf** 具有实用价值的草坪，相对于观赏草坪。

1.41 **观赏草坪 ornamental turf** 用于观赏的封闭式草坪，通常不耐践踏。

1.42 **运动场草坪 sports turf** 指在人工培育条件下生长的承受人类体育运动的草坪。广义的运动场草坪还包括人造草坪。

1.43 **休憩草坪 leisure turf** 供散步、休息、游戏及户外活动用的草坪。

1.44 **庭院草坪 home lawn** 住宅庭院以及机关、学校、医院、宾馆和企业等具有独立院落区域内的草坪。

1.45 **屋顶草坪 roof turf**　在建筑物顶部建植的草坪。

1.46 **人造草坪 artificial turf**　用非生命的塑料化纤产品为原料制作的草坪，主要用于运动场草坪。

1.47 **草坪花园 lawn garden**　植被以草坪植物为主，观赏乔木、灌木及花卉搭配栽培起装饰和陪衬作用的花园。

1.48 **缀花草坪 turf with flowers**　以禾本科植物为主体的草坪点缀配置一些开花的草本花卉。

1.49 **公园草坪 park lawn**　建设在公园中，具备运动、游憩、观赏等功能的草坪。

1.50 **机场草坪 airport turf**　建在停机坪和飞机场主要建筑设施之外空旷地上的草坪。一般由抗逆性较强的草种建植，管理较为粗放。

1.51 **临时草坪 temporary turf**　为应急植被覆盖等特定用途而建植的利用时间一般不超过一年的草坪。

1.52 **退化草坪 degenerated turf**　由于管理不当、不合理利用或土壤气候等立地条件的变化，草坪植株密度降低、生长不良，坪用性状逐步减弱的草坪。

1.53 **草坪保护 turf protection**　为确保草坪的品质和功能的充分发挥，对草坪实行科学的保护管理，主要包括草坪杂草、病害、虫害的防治。

1.54 **草坪有害生物 turf pests**　凡是危害草坪群体或个体的生物统称为草坪有害生物。可分为四大类：草坪杂草、草坪病原微生物、有害昆虫和螨类、有害脊椎动物。

1.55 **草坪杂草 turf weeds**　草坪上除栽培的草坪植物以外的非目的草类植物。

1.56 **草坪病害 turf diseases**　草坪草受到病原生物侵染或不良环境的作用，发生一系列病理变化，使其正常的新陈代谢受到干扰，生长发育受阻甚至死亡，最终导致草坪坪用性状下降的现象。

1.57　草坪虫害　turf insects　由昆虫致害因素所引起的草坪坪用性状下降的现象。

1.58　草坪灌溉　turf irrigation　补充土壤水分，满足草坪草正常生长发育的一项管理措施。灌溉是草坪栽培管理中的重要环节。根据植物接受水分的部位不同，将灌溉分为地面灌溉、地上灌溉、地下灌溉 3 种方式。

1.59　草坪排水　turf drainage　通过人为设施排走草坪土壤积水的方法，为草坪草生长创造良好的水、气环境。

1.60　草坪群落　turf community　由单种或多种草坪草构成的人工植物群落。

1.61　草坪质量　turf quality　草坪在其生长和使用期内功能的综合表现。体现草坪的建植技术与管理水平，是对草坪优劣程度的一种评价。由草坪的内在特性与外部特征所构成。主要包括外观质量、生态质量、使用质量及土壤基况质量。对不同用途的草坪，质量评价的指标及其重要性不同。

1.62　草坪质量评定　turf quality evaluation　对草坪质量的综合定性评价。包括外观质量、生态质量和使用质量。外观质量包括草坪颜色、均一度、质地、高度、盖度等指标。生态质量包括草坪的组分、草坪草的分枝类型、草坪草抗逆性、绿期和生物量等指标。使用质量包括草坪的弹性、草坪硬度、草坪滚动摩擦性能、草坪滑动摩擦性能等。

1.63　草坪修剪　turf mowing　采用修剪机械将草坪刈割到一定高度的过程，是草坪养护管理的核心内容。草坪修剪目的在于使草坪表面保持平整，以充分发挥草坪的坪用功能。

1.64　草坪草育种　turfgrass breeding　通过系统选择、杂交、诱变等方法培育草坪草新品种，使育种对象具有人类所要求的遗传特性的科研过程。

1.65　坪用特性　turf characteristics 草坪适应不同使用目的而表现出的特性。例如，运动场草坪应当具有良好的再生性能、适宜的弹性以及较强的耐践踏性能；水土保持草坪则要求草坪草根系发达、具有良好的抗逆性能。

1.66　草坪抗逆性　turf resistance 草坪对寒冷、干旱、高温、水涝、盐渍及病虫害等不良环境条件，以及践踏、强度修剪等使用损伤的抵抗能力。

1.67　引种　introduction 把外地或外国的优良品种、品系或种质资源引入当地，经过试种，作为推广品种或育种材料应用的过程。

1.68　草坪草生物技术　turfgrass biotechnology 以现代生命科学为基础，结合其他基础科学的科学原理，采用先进的科学技术手段，按照预先的设计改造草坪草，以生产出具有一定特性或功能的草坪草为目标的综合性技术。

1.69　草坪草基因工程　turfgrass genetic engineering 指按人们意愿设计，通过体外重组 DNA 技术去获得新的重组基因而改变草坪草的遗传特性。

1.70　草坪土壤　turf soil 覆盖于地球陆地表面，具有肥力特征的，能够生长草坪的疏松物质层。大多数草坪土壤是非自然形成的，是以不同草坪对土壤的需求配制而成。

1.71　草坪专用肥　fertilizers specially used for turf 针对草坪草需肥与养分吸收特性而专门开发的用于促进草坪草生长的肥料称为草坪专用肥。

1.72　坪床土壤　turf seedbed soil 草坪草着生的土壤。理想的草坪坪床土壤应是土层深厚、排水性良好、pH 值 5.5~6.5、具有肥力的能使草坪草良好生长和发挥功能的土壤。

1.73　地被植物　ground plants 具有一定观赏价值，生长于大面积裸露平地、坡地、阴湿林下、林间隙地等各种环境，覆盖地面的株丛密集、低矮的多年生草本，低矮丛生、枝叶密集、半蔓性的灌木和藤本植物，其高度在1m以下。

1.74 地被 plant cover 由地被植物构成的景观植被层。

1.75 草种选择 turfgrass selection 依据所建植草坪的利用目的对适宜的草坪草种类及品种进行选择的过程。选择草种时主要考虑要适宜当地的气候土壤条件，草坪的持久性、品质及对杂草、病虫害抗性等问题。

1.76 景观设计 landscaping design 按生态学与美学原理对局地景观的结构与形态进行具体配置与布局的过程。包括对视觉景观的塑造。

1.77 乡土植物 native plants 是产地在当地或起源于当地的植物。这类植物在当地经历漫长的演化过程，最能够适应当地的生境条件，其生理、遗传、形态特征与当地的自然条件相适应，具有较强的适应能力。

1.78 草坪植物 turf plant 可用来建植草坪的植物统称为草坪植物。

1.79 草坪草生理学 turfgrass physiology 研究草坪草生命活动规律的学科。

二、草坪植物

2.1　一年生草坪草 annual turfgrass　指生活周期仅 1 年，种子当年萌发、生长、并于开花结实后整个植株枯死的草坪草。

2.2　二年生草坪草 biennial turfgrass　指生活期仅 2 年（2 个生长季），种子当年萌发、生长，第 2 年开花结实后整个植株枯死的草坪草。

2.3　多年生草坪草 perennial turfgrass　指生活期超过 2 年以上的草坪草。地上部生长停止，翌年再次萌发，而地下部则能活多年。

2.4　主根 tap root　指由种子萌发时，最先突破种皮的胚根发育而成的根。

2.5　初生根 primary roots, seminal roots　种子萌发时，胚根突破种皮，直接生长而成的根。

2.6　根系 root system　植物地下部根的总称。

2.7　侧根 lateral root　由主根上发育的各级大小支根。

2.8　不定根 adventitious roots　由茎、叶和老根或胚轴上生出的根。

2.9　直根系 tap root system　植物的主根明显、粗长，垂直向下生长，各级侧根小于主根，斜向四周的根系。

2.10　须根系 fibrous root　植物主根不发达，早期即停止生长或萎缩，由茎基部发生许多较长、粗细相似的不定根，呈须毛状的根系。

2.11　根瘤 root nodule　豆科植物根上具有各种形状和颜色的瘤

状物，称根瘤。根瘤是豆科植物与根瘤细菌的共生结构。

2.12 根毛 root hairs 根表皮细胞向外突出、顶端密闭的管状结构。根毛是根吸收水分的主要部分。

2.13 叶片质地 leaf texture 是指草坪植物叶片的宽度与触感的量度。一般多指草坪植物叶片宽度。

2.14 花序 inflorescence 草坪草开花部位，花序主轴上小花穗的排列方式。

2.15 总状花序 raceme 草坪草花有花梗，排列在不分枝且较长的花轴上。

2.16 头状花序 capitulum 草坪草花无梗，集于一平坦成隆起状的总花托上而成的头状体。

2.17 圆锥花序 panicle 指草坪草花序轴上有多个总状或穗状花序，形似圆锥，圆锥花序可分开展和紧缩圆锥花序。

2.18 穗状花序 spike 与总状花序相似，但花无梗。

2.19 生长习性 growth habit 草坪草侧枝的形成方式和枝条的生长方向。

2.20 分蘖 tiller 由地下和近地面的分蘖节（根状茎节）上产生腋芽，腋芽又形成具有不定根的分枝称分蘖。

2.21 根状茎 rhizome 草坪草地下横走蔓延生长的茎，节上生出不定根，称根状茎。

2.22 匍匐茎 stolon 草坪草的茎平卧地面，蔓延生长，一般节间较长，节上生出不定根，称匍匐茎。

2.23 匍匐茎型 stolon type 草坪草以地上匍匐茎进行扩展的类型。

2.24 根茎型 rhizomatous type 草坪草通过地下根状茎进行扩展的类型。

2.25 丛生型 bunch type 草坪草通过分蘖进行分枝扩展的类型。

2.26 **幼叶卷叠方式 vernation**　草坪草幼叶在叶鞘中的排列方式。

2.27 **幼叶折叠式 folded**　草坪草新叶在芽内两叶相对，均折为"V"形，大叶包小叶。

2.28 **幼叶卷包式 rolled**　草坪草新叶在芽内一层层卷成同心圆。

2.29 **叶耳 auricle**　草坪草叶片与叶鞘相连接处两侧边缘上的附属物。

2.30 **叶颈 collar**　在草坪草叶片和叶鞘之间起连接作用的带状部分，结构和外观均与叶片和叶鞘不一样的组织。

2.31 **叶片 blade**　叶鞘以上叶子的伸展部分。叶的光合与蒸腾作用主要通过叶片进行。

2.32 **叶鞘 sheath**　叶下部卷曲成圆柱状包围茎秆的部分。具有保护、输导和支持作用。

2.33 **叶舌 ligule**　叶子近轴面叶片与叶鞘相接处的突出物。

2.34 **叶柄 petiole**　紧接叶片基部的柄状部分，其下端与枝相连接，叶柄主要功能是输导和支持作用。

2.35 **叶脉 leaf vein**　叶片中央纵向分布的维管束。

2.36 **节 node**　植物茎上着生叶的部位，称节。

2.37 **节间 internode**　相邻两个节之间的部分称节间。

2.38 **胚 embryo**　植物的原始体。由胚芽、子叶、胚轴和胚根四部分组成。种子萌发后，胚根、胚芽和胚轴分别形成植物的根、茎、叶及其过渡区。

2.39 **胚乳 endosperm**　种子内贮藏营养物质的组织。种子萌发时，其营养物质被胚消化、吸收和利用。

2.40 **种皮 seed coat**　种子外面的保护层。种皮厚薄、色泽和层数因植物种类的不同而异。

2.41 **种 species**　种是植物分类学上的一个基本单位，也是各级单位的起点。同种植物的个体，起源于共同的祖先。有相

同的遗传物质基础；有极近似的形态特征，个体间能进行
自然授粉，产生正常的后代。这样的群体称为种。

2.42 **亚种 subspecies** 分类学上种以下的分类单位，用于种内
在某些形态特征、地理分布等方面有差异的群体，将出现
差异的群体种称为亚种。

2.43 **变种 variety** 分类学上种以下的分类单位，在特征方面与
原种有一定区别，并有一定的地理分布。将变化的个体称
为变种。

2.44 **品种 cultivar** 品种是人类根据需要在种内定向培育出的
植物经济类群。品种不是分类学的分类单位，不存在于野
生植物中。

2.45 **颖果 caryopsis** 具单粒种子而不开裂的干果，果实成熟时
果皮紧包种子不易分离。

2.46 **种子植物 spermatophyte** 能产生种子的一类植物。分裸
子植物和被子植物。

2.47 **小穗轴 rachilla** 即小穗中着生小花及颖片的轴。

2.48 **芒 awn** 颖、外稃或内稃的脉所延伸成的针状物。

2.49 **穗轴 rachis** 穗状花序或穗形总状花序着生小穗的轴。

2.50 **小穗两侧压扁 spikelets bilaterally compressed** 小穗两侧
的宽度小于背腹面的宽度。

2.51 **小穗背腹压扁 spikelets dorsally compressed** 小穗背腹面
的宽度小于两侧的宽度。

2.52 **小穗 spikelet** 禾本科植物花序的构成单位，每小穗由一
枚至多枚小花连同下端的内外颖组成。

2.53 **内稃 palea** 禾本科植物小花两苞片之一的上部（内部）
苞片。

2.54 **外稃 lemma** 禾本科植物小花两苞片之一的下部（外部）
苞片。

2.55 **颖片 glume** 禾本科植物小穗基部的苞片。

2.56 **科 family** 生物学中将同一目的生物按照彼此相似的特征分为若干群，每一群叫一科。如禾本科、豆科等。

2.57 **亚科 subfamily** 分类学上科下的分类单位。

2.58 **属 genus** 分类学上科以下单位，将同一科的生物按彼此相似的特征分为若干群，每一群叫一属。

2.59 **禾本科（Gramineae）grass family；family poaceae** 属单子叶植物，一年生、越年生或多年生，多为草本。由颖片、小花和小穗轴组成小穗、须根系，秆有明显的节，节间中空或实心。叶互生，两行排列。花序由许多小穗组成，小穗在穗轴上排列成总状、穗状、圆锥状或头状花序。花通常两性，稀单性，由内外稃包被，雌蕊1枚，花柱2个，颖果。是经济价值很高的一个科。

2.60 **豆科（Leguminosae）legume family** 属双子叶植物，草本、灌木或乔木，有时藤本。常具有根瘤，叶互生，有托叶，羽状或三出复叶，少单叶，有叶枕。花冠多蝶形或假蝶形，雄体为2体、单体或分离，荚果。具重要经济功能的一个科。

2.61 **旋花科（Convolvulacea）morning glory family** 属双子叶植物，多为缠绕草本，常具乳汁，叶互生，花两性，辐射对称，花冠漏斗状，果实蒴果。多分布热带、亚热带。

2.62 **莎草科（Cyperaceae）sedge family** 属单子叶植物，多年生草本，少一年生。多数根状茎，茎3棱，实心。三列，狭长，或仅有叶鞘，叶鞘闭合。小穗组成各种花序。小坚果。多生于潮湿处或沼泽中。

2.63 **百合科（Liliaceae）lily family** 属单子叶植物，多年生草本。常具根状茎、鳞茎或块根。单叶。花被6片，排列成两轮，雄蕊6枚与之对生，子房3室。蒴果或浆果。广布世界各地，尤以温带和亚热带最多。

2.64 **长日照植物 long-day plant** 当日照长度超过其临界日照长度时才能开花的植物。

2.65 **短日照植物 short-day plant** 当日照长度短于其临界日照长度时才能开花的植物。

2.66 **中日照植物 intermediate day plant** 当昼夜长短的比例接近于相等时才能开花的植物。

2.67 **中间型植物 day-neutral plant** 开花受日照长短的影响较小，只要其他条件合适，在不同日照长度下都能开花的植物。

2.68 **C_3 植物 C_3 plant** 光合作用过程中最先形成碳酸甘油酸等含有 3 个碳原子化合物的植物。

2.69 **C_4 植物 C_4 plant** 光合作用过程中最先形成苹果酸等含有 4 个碳原子化合物的植物。

2.70 **景天酸代谢植物 crassulacean acid metabolism plant；CAM plant** C_4 类植物中的一类植物，如仙人掌、凤梨和长寿花。其特点是植物在日间储存淀粉，晚间通过丙酮酸转化为磷酸烯醇式丙酮酸。

2.71 **双子叶植物 dicotyledons，dicot** 种子的胚具 2 片子叶。茎内的维管束在横切面上常排列成圆环状，有形成层和次生组织。叶脉常网状。花多以 5 或 4 为基数。一般主根发达。

2.72 **单子叶植物 monocotyledons，monocot** 种子的胚具有一个顶生子叶，茎内维管束为星散排列，无形成层和次生组织，只有初生组织。叶脉常为平行脉或弧形脉，花部基数常为 3，主根不发达，常须根。

2.73 **羊茅亚科（Festucoideae）fescue subfamily** 禾本科的一个亚科，属冷季型禾草，绝大多数分布温带和副极带气候地区，亚热带地区偶有分布。光合作用中碳固定主要以 C_3 途径。

2.74 **画眉草亚科（Eragrostoideae） lovegrass subfamily** 禾本科的一个亚科，属暖季型禾草，分布全世界热带至温寒地带，以热带及亚热带种类居多，小穗常两侧压扁。光合作用中碳固定主要 C_4 途径。来源于小穗仅含 1 个成熟花上的共同祖先。

2.75 **早熟禾属（Poa L.） bluegrasses** 禾本科羊茅亚科的一个属。属冷季型禾草。广泛分布于温带与寒带地区，抗寒力强、具有根状茎，广泛应用于草坪的多年生草本植物。

2.76 **草地早熟禾（Poa pratensis L.） Kentucky bluegrass** 别名：六月禾、肯塔基蓝草。早熟禾属多年生冷季型禾草，根状疏丛型，株高 30～75cm。幼叶折叠式，叶舌膜质，叶片 V 字形或平展，叶尖船形，颖果纺锤形，具三棱。圆锥花序开展成金字塔型。广泛分布在北温带冷凉湿润地区。能形成中到高密度的草坪，是应用最广泛的草坪草之一。

2.77 **普通早熟禾（Poa trivialis L.） rough bluegrass** 别名：粗茎早熟禾。早熟禾属多年生冷季型禾草。株高 45～75cm，具短匍匐茎。幼叶折叠式，叶舌膜质，叶尖稍船形，叶片背面具光泽，黄绿色，叶鞘基部具洋葱皮特征，触摸有粗糙感。圆锥花序开展。适应的土壤及气候范围与草地早熟禾相似。多生长于寒冷、潮湿、荫蔽环境。是抗热、抗旱、耐磨较好，耐践踏性差的冷季型草坪草。

2.78 **加拿大早熟禾（Poa compressa L.） Canada bluegrass** 别名：扁茎早熟禾、扁秆早熟禾。早熟禾属多年生冷季型禾草。蓝绿色、弱根状茎，株高 15～50cm。幼叶折叠式，叶舌膜质长，叶片平展或 V 字形，光滑，蓝灰色或浅绿色偏蓝，叶尖船形，窄圆锥花序。广泛分布于寒冷潮湿气候带中更冷一些的地区。适应干旱、酸性、贫瘠的土壤。形成开展、多茎、低质量的草坪。常用于低质量要求且管理粗放的草坪。

2.79 **早熟禾**（*Poa annua* L. ）　**annual bluegrass**　别名：早熟禾、小鸡草。早熟禾属一年生或二年生冷季型禾草。株高5~30cm。丛生，频繁修剪时形成致密草坪。幼叶折叠式，叶舌膜质，叶片平展或 V 字形，光滑，淡绿，叶鞘中部以下闭合，小而开展的圆锥花序，颖果纺锤形。广泛分布于世界各地。是抗热性、抗低温、抗旱性均差，适宜于潮湿、遮阴环境的草坪草。

2.80 **匍匐早熟禾**（*Poa supina* Schrad. ）　**supine bluegrass**　早熟禾属多年生冷季型禾草。分布温带。幼叶折叠式，叶舌膜质，叶片淡绿，外观与一年生早熟禾相似，但由于其具强匍匐茎，更耐寒，耐阴，在干热地区表现差。目前主要是用于高海拔地区的高尔夫球场和运动场草坪。

2.81 **林地早熟禾**（*Poa nemoralis* L. ）　**wood meadow bluegrass**　早熟禾属多年生冷季型禾草。根状疏丛型。株高45cm 左右。叶鞘茎基部稍带紫色，上部灰绿色显著短于叶片。圆锥花序较开展，颖果纺锤形，黄褐色。分布于我国东北、西北、华北地区；欧洲、北美也有分布。适宜于潮湿、遮阴的环境，抗热性、抗低温、抗旱性均差。

2.82 **羊茅属**（*Festuca* L. ）　**fescues**　别名：狐茅属。禾本科羊茅亚科一属。属多年生冷季型禾草。须根，秆直立，原产欧亚大陆，分布于寒温带及亚热带、热带高山地区。能在贫瘠、干燥和酸性土壤生长，耐阴性较强。草坪草中应用较多的一个属。

2.83 **苇状羊茅**（*Festuca arundinacea* Schreb. ）　**tall fescue**　别名：高羊茅（英译名）、苇状羊茅。羊茅属多年生冷季型

禾草。有牧草与草坪草 2 种类型。株高 80～100cm。<u>丛生</u>具短、弱根茎；叶质地粗糙，幼叶卷包式，叶舌膜质，叶耳短钝，叶片背面光滑有光泽，具龙骨，正面具脊，圆锥花序紧缩。适应性强，抗寒又耐热。

2.84 **紫羊茅**(*Festuca rubra* L.) red fescue 别名：红狐茅。羊茅属多年生冷季型禾草。株高 30～60cm。3 个亚种，强匍匐型（spp. *rubra*；strong creeping fescue）、细长弱匍匐型[ssp. *trachophylla* 或 spp. *litoralis*（Meyer）Auquir；slender creeping fescue] 和丛生型紫羊茅（ssp. *commutata*；chewings fescue）；前两者均具根状茎，弱匍匐型紫羊茅 42 条染色体，根状茎弱而短小。强匍匐型 56 染色体，根状茎较大，较粗。弱匍匐型和<u>丛生型</u>能形成致密草坪，强匍匐型次之。秆基部红色或紫色，叶鞘基部红棕色。幼叶折叠式，叶舌膜质，叶片柔软，对折或内卷成针状。圆锥花序狭窄，小穗先端呈紫色，颖披针形。质地纤细，是具有较高观赏价值的草坪草。

2.85 **羊茅**(*Festuca ovina* L.) sheep fescue 别名：狐茅或酥油草。羊茅属多年生冷季型禾草。分布于欧亚大陆及北美温带地区，<u>丛生</u>，秆具条棱，株高 30～60cm。叶片蓝绿色，内卷成针状。幼叶折叠式。叶片正面具脊，背面光滑。圆锥花序紧缩，分枝常偏向一侧。小穗椭圆形。耐干旱和贫瘠土壤，但不耐践踏和频繁修剪。是观赏价值高并作粗放管理的草坪草。

2.86 **硬羊茅**(*Festuca longifolia* Thuill.) hard fescue 羊茅属多年生冷季型禾草。与羊茅相似，但叶片较硬，稍宽，生长低矮，<u>丛生型</u>，比羊茅耐旱性、耐贫瘠性差，但比其耐湿。与紫羊茅相比，耐旱性和抗病性较好。适应于遮阴和贫瘠的土壤。多用作水土保持的草坪草。

2.87 **草地羊茅**（*Festuca elatior* **L. 或** *Festuca pratensis* **Huds.**）
meadow fescue 羊茅属多年生冷季型禾草。幼叶卷包式，叶舌膜质截形，叶背面光滑稍具光泽，紧缩圆锥花序。在外观、生长习性和对环境的适应性与苇状羊茅类似。但不如苇状羊茅耐旱和耐热。

2.88 **翦股颖属**（*Agrostis* **L.**）**bentgrasses** 禾本科羊茅亚科的一个属。多分布于温带、寒温带及热带、亚热带的高纬度地区，尤以北半球为多。本属植物为细弱、低矮或中等高度的多年生冷季型禾草。叶片正面具脊，幼叶卷包式，单一小花的小穗。耐低修剪，能形成致密草坪。

2.89 **匍匐翦股颖**（*Agrostis stolonifera* **L.**）**creeping bentgrass** 匍匐翦股颖为冷季型禾草。原产欧亚大陆，分布于欧亚大陆的温带和北美。多年生，具匍匐茎长达8cm，节上生根。直立株高30～40cm。幼叶卷包式，叶片线形两面均具小刺毛。圆锥花序卵状矩圆形，小穗成熟后呈紫铜色。颖果细小卵形。是冷地型草坪草中最耐低修剪、养护水平要求较高的草种。可形成细致、密度高、结构良好的毯状草坪，多用于高尔夫果岭。

2.90 **细弱翦股颖**（*Agrostis tenuis* **L.**）**colonial bentgrass** 细弱翦股颖为冷季型禾草。丛生到弱匍匐型（短匍匐茎和根状茎），株高30～60cm。幼叶卷包式，叶片卷成圆形，狭窄，无叶耳，叶舌短而钝。圆锥花序长圆形，暗紫色。广布欧亚大陆的北温带，多生长于潮湿生境。但耐寒性好，耐阴性中等，耐旱及耐热性差，耐践踏性差，恢复能力中等。能形成高密度、细质地的质量要求高的草坪。

2.91 **绒毛翦股颖**（*Agrostis canina* **L.**）**velvet bentgrass** 绒毛翦股颖为冷季型禾草。叶片柔软且具绒，极端细致。匍匐茎，圆锥花序散生，红色。耐阴性强，耐旱和耐寒性均优于匍匐翦股颖。能形成非常致密的草坪。常用于高尔夫球场果岭等养护精细、质量要求高的草坪。

2.92 **小糠草**(*Agrostis alba* **L.**) **redtop** 别名：红顶草。属冷季型禾草。质地粗糙，灰绿，根状茎型，圆锥花序疏松开展。穗紫红色。形成低密度的草坪。苗期有很强的竞争性，是常用作先锋植物的草种。也常用于建植固土护坡等草坪。分布于欧亚大陆温带地区。

2.93 **黑麦草属**(*Lolium* **L.**) **ryegrasses** 别名：毒麦属。禾本科羊茅亚科的一个属，冷季型草坪草。约有 10 种，分布于欧亚大陆的温带。该属种子发芽快、苗生长迅速，多用于混播，作先锋保护性草种，防治杂草入侵，或主要用于暖季型草坪草冬季休眠时交播材料。

2.94 **多年生黑麦草**(*Lolium perenne* **L.**) **perennial ryegrass** 多年生黑麦草属多年生冷季型禾草。有牧草与草坪两种类型。株高 50～100cm。丛生型，幼叶折叠式。叶舌膜质，叶片平展，背面具龙骨且有光泽。无芒扁平的穗状花序，颖果梭形。分布于欧洲、非洲北部、亚洲、北美洲及大洋洲。喜温暖湿润气候。种子发芽快，常用于混播，作先锋保护性草种或暖季型草坪草冬季交播草种。

2.95 **一年生黑麦草**(*Lolium multiflorum* **L.**) **annual ryegrass** 别名：意大利黑麦草、多花黑麦草。黑麦草属一年生或越年生冷季型禾草。丛生型。株高 50～70cm。幼叶卷包式，叶舌膜质，叶耳爪状，叶片平展，正面粗糙，背面具龙骨且有光泽。具芒扁平的穗状花序。分布于欧洲南部、非洲北部及小亚细亚广大地区。喜温暖湿润气候，不耐寒和高温。生长发芽迅速，主要用于暖季型草坪草冬季交播或受损草坪的修补草种。

2.96 **中间黑麦草**(*Lolium hybridum* **L.**) **intermediate ryegrass**

黑麦草属多年生冷季型禾草。多年生黑麦草和一年生黑麦草杂交种，具有亲本的优良特性。生长发芽快，主要用于暖季型草坪草冬季休眠时交播材料。

2.97　冰草属（*Agropyron* Gaertn.）**wheatgrasses**　禾本科羊茅亚科的一个属，冰草属约有 60 种，抗旱性强。主要用于无灌溉地区。

2.98　冰草［*Agropyron crsitatum*（L.）**Gaertn.**］**crested wheatgrass**　别名：扁穗冰草、球道冰草（pairway wheatgrass）、大麦草、野麦子、山麦草。冰草属多年生冷季型禾草。株高 30～75cm。丛生型，质地粗糙、蓝绿色。幼叶卷包式，叶舌膜质，叶耳爪状，叶片平展。穗状花序紧密呈篦齿状。颖具芒。原产寒冷、干旱的平原地区，属典型旱生植物。耐碱性强。常用于寒冷、半湿润及半干旱地区或无灌溉区草坪的建植。

2.99　雀麦属（*Bromus* L.）**bromegrass**　禾本科羊茅亚科的一个属，该属有 100 多个种，其中无芒雀麦用于草坪。

2.100　无芒雀麦（*Bromus inermis* Leyss.）**smooth bromegrass**　别名：光雀麦、禾萱草。雀麦属根茎多年生冷季型禾草。株高 45～80cm，质地粗糙，幼叶卷包式，叶鞘紧密包茎闭合；圆锥花序紧缩，分枝状轮生。颖果披针状卵形。原产欧洲，西伯利亚和中国，分布世界温带半干旱地区。再生力强，喜温、耐寒，抗旱能力强。对土壤要求不高，但固土固沙。不耐践踏或低修剪。能形成开放的粗质地草坪。

2.101　梯牧草属（*Phleum pratense* L.）**timothy**　禾本科羊茅亚科的一个属，本属大约有 10 个种，适宜冷温和亚温带气候。其中用于草坪的有 2 个种，普通猫尾草（*Phleum pratense* L.；common timothy）和草坪型猫尾草（*P. nodo* *sum* L. ； turf timothy）。

2. 102 猫尾草（*Phleum pratense* L.） **common timothy** 别名：梯牧草。梯牧草属多年生冷季型禾草。株高 50 ~ 100cm。质地粗糙、丛生型。幼叶卷包式。叶舌膜质中间尖两边缺痕，叶片扁平，叶鞘长于节间。穗呈紧密圆筒状。种子圆形表面具网纹。起源于欧洲，主要分布在北纬 40° ~ 50°寒冷湿润地区。喜冷凉湿润气候，抗低温，不耐干旱、高温与耐践踏。修剪后恢复慢。

2. 103 碱茅属（*Puccinellia* Parl.） **alkaligrass** 禾本科羊茅亚科的一个属，有 30 种，主要用于温带气候的盐碱地。

2. 104 碱茅 ［*Puccinellia distans* （L.） Parl.］ **weeping alkaligrass** 别名：铺茅。碱茅属多年生冷季型禾草。株高 20 ~ 30cm，圆锥花序。颖果（种子）纺锤形，分布于我国华北地区及欧亚大陆温带。喜冷凉湿润气候，耐寒，耐盐碱能力强，能在 - 30℃，pH 值 8.6 ~ 8.8 碱地上正常生长。可用作潮湿处和盐碱地等粗放管理的绿化材料。

2. 105 洋狗尾草属（*Cynosurus* L.） **dogtail** 禾本科羊茅亚科的一个属，本属有 4 ~ 6 种，属质地粗糙的草种。主要分布在东半球温带和地中海地区，用于草坪的仅有洋狗尾草（*Cynosurus cristatus* L.） 一种。

2. 106 洋狗尾草（*Cynosurus cristatus* L.） **crested dogtail** 洋狗尾草属多年生冷季型禾草。株高 20 ~ 50cm，丛生型，叶鞘平滑无毛，叶片扁平质软。圆锥花序紧缩成穗。原产于欧洲，分布在温带和地中海地区。常用于混播以提高运动场的耐磨性。但其夏季颜色不佳（即不耐高温）加之不抗寒，它的使用受到了限制。

2. 107 狗牙根属（*Cynodon* L. C. Rich.） **bermudagrass** 禾本科画眉草亚科的一个属，绝大多数起源于非洲东部，广泛分布于世界上温暖湿润的热带和亚热带地区。本属有 10 多种，中国有 2 个种和 1 个变种，分布于华南、华中、西南、西北和华北南部。有普通狗牙根和改良的杂交狗牙根 2 个类型，杂交狗牙根比普通狗牙根形成更高质量草坪且养护水平要求高。

2. 108 **狗牙根**［*Cynodon dactylon*（L.）Pers.］**common Bermudagrass**　别名：绊根草（江苏）、爬根草（南京）、百慕大草（英译名）、铁线草（西南地区）、普通狗牙根（英译名）、行仪芝（本草纲目，日名）。狗牙根属多年生暖季型禾草。株高 10cm。幼叶折叠式，叶舌边缘具毛，叶鞘有柔毛。具长匍匐茎和短根状茎。穗状花序 4~5 分枝。广布南、北温带地区。是高度变化的草种，在环境适宜性、颜色、质地、密度、活力等方面存在巨大的差异。耐践踏、耐盐碱性强，是最耐低与频繁修剪的暖季型草坪草之一。用于运动场、普通绿化。

2. 109 **结缕草属**（*Zoysia* Willd.）**zoysiagrass**　禾本科画眉草亚科的一个属。原产于热带和东亚地区，现分布于世界温暖湿润的过渡地带。本属具有一个花的小穗，花序为紧缩的总状，叶舌通常边缘具毛。

2. 110 **结缕草**（*Zoysia japonica* Steud.）**Japanese lawngrass**　别名：锥子草（东北）、日本结缕草（译名）、老虎皮草（上海、江苏）、崂山草（青岛）、返地青（宁波）、宽叶结缕草（重庆）。结缕草属多年生暖季型禾草。株高 15~20cm，幼叶卷包式，叶舌边缘具毛，叶扁平，革质具柔毛。具根状茎和匍匐茎。总状花序穗状，颖果卵形小。原产亚洲东南部，主要分布在中国等温暖与过渡地带。中等质地、生长缓慢。喜温暖湿润气候，耐寒性强（−33℃安全越冬）。适应范围广，具一定抗碱性。适应热带、亚热带与温带地区运动场与水土保持草种。能形成高质量草坪。

2.111 **细叶结缕草（*Zoysia tenuifolia* Willd. Ex Trin.）** **mascarenegrass** 别名：天鹅绒草、台湾草、朝鲜芝草。结缕草属多年生暖季型禾草。株高 5～10cm，具细而密的根状茎和节间极短的匍匐茎。秆纤细。叶片丝状内卷。总状花序小穗穗状排列。颖果卵形小。主要分布于日本和朝鲜南部地区，我国南方地区和台湾省也有分布。是结缕草属中质地最细，密度最大，生长最缓慢的一种。具有较强的抗旱性，但耐寒性和耐阴性不及结缕草。耐践踏，可用在热带、亚热带运动场、飞机场及各种娱乐场所绿化。

2.112 **沟叶结缕草〔*Zoysia matrellia*（L.） Merr.〕** **manilagrass** 别名：马尼拉草、半细叶结缕草。结缕草属多年生暖季型禾草。广泛分布于亚洲和大洋洲的热带和亚热带地区。株高 12～20cm。具横走根茎和匍匐茎。叶片质硬，扁平或内卷，上面具有纵沟。总状花序线形，小穗卵状披针形。喜温暖湿润气候，生长势和扩展性强，耐寒性稍弱于结缕草，耐践踏、耐寒、耐旱、耐贫瘠、抗锈病等均强于细叶结缕草。具观赏性，修剪少。是热带和亚热带地区使用价值高的草种。

2.113 **中华结缕草（*Zoysia sinica* Hance）** **Chinese lawngrass** 结缕草属多年生暖季型禾草。根状茎，叶片边缘内卷。总状花序线形。主要分布在我国东南沿海地区，北起山东南至广东。常见于坡地及河岸边等湿润处。喜光，耐半阴，适应能力较强，在排水良好的沙质土壤上生长良好，在微酸或微碱土壤中也能生长。耐寒略次于结缕草与大穗结缕草，适合黄河流域及黄河流域以南一带气温。

2. 114 **大穗结缕草**（*Zoysia macrostachya* Franchet. Sav.） **larges-pike lawngrass** 别名：江茅草（青岛）。结缕草属多年生暖季型禾草。株高 10～12cm。具根状茎。叶片内卷，叶鞘下部松弛相互跨覆，上部紧缩裹秆。总状花序穗状，穗轴具棱。主要分布于我国的华北、华东地区。喜光，耐高温、贫瘠、干旱、践踏性均强，耐盐碱性比结缕草强。

2. 115 **地毯草属**（*Axonopus* Beauv.） **carpetgrass** 禾本科藜亚科的一个属。属较粗糙质地的暖季型禾草。原产热带美洲。分布于巴西、阿根廷及美洲中、南部的一些国家。我国广州、福州、厦门、台湾等地有分布。本属有 70 种，用于草坪的有 2 种：近缘地毯草与地毯草。适宜低肥力土壤和稍粗放管理条件。

2. 116 **地毯草**［*Axonopus compressus*（Swartz）Beauv.］ **tropical carpetgrass** 别名：热带地毯草（英译名）、大叶油草（广州）。地毯草属多年生暖季型禾草。株高 15～20cm。具长的匍匐茎。秆扁平，节上密生灰白色柔毛。叶鞘松弛，总状花序 2～4 枚近指状排列，原产南美洲，分布于巴西、阿根廷及美洲中、南部的一些国家。生于荒路旁、潮湿地。生长势和适应性强，喜光，耐高温、湿润气候，较耐阴。耐寒性极差，应用于热带和亚热带地区。

2. 117 **近缘地毯草**（*Axonopus affinis* Chase） **common carpetgrass** 别名：长穗地毯草、类地毯草（台湾）、普通地毯草（英译名）。地毯草属多年生暖季型禾草。株高 15～20cm，淡绿，幼叶折叠于叶鞘内，叶鞘松弛，总状花序 2～4 枚近指状排列。原产热带美洲中部和西印度群岛。粗质地、低生长习性，适于热带和温暖亚热带气候，靠匍匐茎和种子扩展的暖季型多年生草本。生长势和适应性强，喜光，耐高温、湿润气候，较耐阴。再生力强，耐践踏。最适宜在湿润、酸性、土壤肥力低的沙土或沙壤土上生长。

2.118 **假俭草属**(*Eremochloa* Buese) **centipedegrass** 又名：蜈蚣草属。为禾本科黍亚科的一个属。原产中国南部，本属约10种，多产于亚洲热带和亚热带。常用于草坪的只有假俭草，因产于中国，又被称为中国草坪草。现已被世界各地广泛引种。

2.119 **假俭草** [*Eremochloa ophiuroides* (Munro) Hack.] **centipedegrass** 别名：蜈蚣草。假俭草属多年生暖季型禾草。株高5~15cm。中等质地，生长缓慢，具发达匍匐茎，幼叶折叠式，叶舌膜质，顶端具短毛。叶片扁平，单一穗状似总状花序。我国主要集中在长江流域以南。其中四川、浙江、江苏等地有大片单纯群落。生长势、扩展性强，耐旱和耐热性强。较耐践踏，有一定的耐阴性，耐寒性差。适宜水土保持和低养护条件下草坪建植。

2.120 **雀稗属**(*Paspalum* L.) **paspalum** 禾本科黍亚科的一个属。本属约400种，分布于热带、亚热带地区，美洲最丰富。我国有7种。广泛用作草坪的种主要是巴哈雀稗、两耳草和海滨雀稗。

2.121 **巴哈雀稗**(*Paspalum notatum* Flugge) **bahiagrass** 别名：百喜草（香港、台湾）、金冕草（河北）、美洲雀稗。雀稗属多年生暖季型禾草。株高15~80cm。粗质地、根状茎，幼叶卷包式，叶舌膜质，叶片扁平或对折。总状花序2枚对生。原产于南美洲巴哈马。适合在温暖湿润地区生长。生长势和抗逆性强，抗旱力和抗病虫害能力强，具有良好的耐阴性。在瘠薄土壤上也能生存，适宜土壤

pH 值为 6.5 ~ 7.5。能形成稀疏、密度低、质量低的草坪，多用于路边、坡堤的水土保持草坪，也用于庭院绿化。

2.122 **海滨雀稗**(*Paspalum vaginatum* **Swartz**) **seashore paspalum** 雀稗属多年生暖季型禾草。生长于南北纬30°之间的沿海地区，源于非洲和美洲，广布整个热带和亚热带地区，性喜温暖，抗寒性较狗牙根差。耐阴中等。耐水淹性强，耐热和耐旱性强，耐瘠薄土壤，适宜 pH 范围 3.6 ~ 10.2，可用海水灌溉的最耐盐草种，形成致密细致的草坪，耐低修剪，常用于高尔夫球场的球道、发球台、障碍区，可种于海滨的沙丘，以及盐碱地绿化和水土保持。

2.123 **两耳草**(*Paspalum conjugatum* **Berg.**) **knotgrass** 别名：竹节草、叉子草。雀稗属多年生暖季型禾草。株高 30 ~ 60cm。叶片线形。叶鞘松弛，背部具脊，总状花序 2 枚，交互对生。小穗覆瓦状排成两行。原产南美洲，分布热带地区。具长匍匐茎的暖季型多年生禾草。喜湿润土壤。生活力强，扩展速度快，易形成单一群落。耐阴性强，因而常用于地势低洼、排水不良的地段建植草坪。耐旱、耐寒、抗病虫害与巴哈雀稗近似。

2.124 **钝叶草属**(*Stenotaphrum* **Trin.**) **augustinegrass** 禾本科藜亚科的一个属，本属约有 8 种。分布于太平洋各岛屿以及美洲和非洲。常用作草坪的草种有钝叶草。应用于热带与温暖亚热带气候。

2.125 **钝叶草** [*Stenotaphrum secundatum*(**Walt.**)**Kuntze.**] **St. augustinegrass** 别名：奥古斯丁草（英译名）。钝叶草属多年生暖季型禾草。株高 10 ~ 40cm。粗质地。具匍匐茎。幼叶折叠式，叶舌毛丝状，叶鞘光滑无毛。叶扁

平，两面光滑，叶尖钝圆，短而单侧穗状似总状花序。分布在南美洲和北美洲南部地区及澳大利亚等地。侵占性强，土壤范围很广，最适合生长在温暖湿润、排水良好，沙质微酸性，肥力中等至高等的土壤条件下。

2.126 **野牛草属**（*Buchloë* Engelm. ）**buffalograsses** 禾本科画眉草亚科的一个属，原产美洲。本属雌雄异株或同株，野牛草属仅有一种，即野牛草（*Buchloë dactyloides*）。

2.127 **野牛草**［*Buchloë dactyloides*（Nutt. ） Engelm. ］**buffalograss** 别名：水牛草。野牛草属多年生暖季型禾草。株高 5~25cm。质地纤细、灰绿色。具匍匐茎。雌雄异株或同株，雄花 2~3 枚总状排列，雌小穗具 1 小花，3~5 枚小穗簇生成头状花序。生长于北美大平原半干旱、半湿润地区。适应性强，抗热性与抗旱性极强，耐寒，能在 -39℃ 的低温安全越冬。对土壤适应范围较广，耐贫瘠，耐盐碱性强。适宜温带和亚热带半湿润、半干旱及过渡带无灌溉条件地区。

2.128 **垂穗草属**（*Bouteloua* Lag. ） **gramagrasses** 禾本科画眉草亚科的一个属。属暖季型多年生禾草。本属约 50 种，用于草坪的有格兰马草和垂穗草 2 种，主要用于亚热带半干旱地区的草坪。

2.129 **格兰马草** ［*Bouteloua gracilis*（H. B. K. ） Lag. ex Steud. ］ **blue grama** 垂穗草属多年生暖季型禾草。株高 20~60cm。具弱短而粗根状茎。细质地，灰绿色，叶鞘光滑，紧密裹茎；幼叶折叠式，叶舌密集毛，叶片扁平或稍卷内折，柔软具柔毛。穗状花序呈栉齿状排列成两行。原产于北美洲大平原。耐热性好，抗旱性极强。不耐践踏。适应的土壤范围广，比野牛草更耐沙质土壤。常用于管理粗放，对草坪质量要求不高，无灌溉条件，使用频率低的草坪。

2.130 **垂穗草** ［*Bouteloua curtipendula*（Michx.）Torr.］ **sideo-ats grama**　垂穗草属多年生暖季型禾草。株高 50 ～ 80cm，秆丛生，根状茎短，密被鳞片。幼叶卷包式，叶鞘疏生短毛，叶片灰绿色，扁平或稍卷内折，穗状花序，紫色。常下垂而偏于主轴一侧，小穗不呈栉齿状排列。原产美国伊利诺伊州。生长势与适应性强，耐修剪，有良好的耐热性，抗旱性极强。不耐践踏。适应的土壤范围广。

2.131 **狼尾草属**（*Pennisetum* L. Rich.） **kikuyugrasses**　禾本科黍亚科的一个属。主要分布于全世界热带、亚热带地区，少数种类可达温带和寒温带，非洲为本属分布中心。本属大约有 80 种，在亚热带和热带高地仅有 1 种，即铺地狼尾草，用于草坪绿化。

2.132 **铺地狼尾草**（*Pennisetum clandestinum* Hochst ex Chiov.） **kikuyugrass**　别名：肯尼亚草、东非狼尾草。狼尾草属多年生暖季型禾草。株高 30 ～ 120cm。质地中等，根茎与匍匐茎发达。幼叶折叠式，叶舌丝毛状。叶鞘常重叠长于节间，叶片淡绿色，扁平或稍卷内折。穗状花序。分布东非热带地区。喜高温多湿气候，最适宜海拔 1800m 以上的湿润热带的墨西哥与中非地区。其生长势与扩展性强。频繁修剪下形成致密、有弹性的草坪。

2.133 **金须茅属**（*Chrysopogon* Trin.） **chrysopogon**　本属具有草坪价值的只有竹节草。

2.134 **竹节草** ［*Chrysopogon aciculatus*（Retz.）Trin.］ **aciculate chrysopogon**　别名：黏人草、百足草。金须茅属多年生禾草。株高 20 ～ 50cm，具根茎和匍匐茎。叶鞘无毛，叶多聚集于匍匐茎和秆的基部，叶片条形，顶端钝，圆锥花序带紫色。分布于大洋洲，我国台湾、广东、广西及云南等地有分布。常见于陡坡、山地和野外的潮湿地。侵占性强，易形成平坦的坡面。适宜的土壤类型较广，在土壤 pH 值为 6.0 ~ 7.0 时，生长最好。抗旱、耐湿，具有一定的耐践踏性，但不抗寒。

2. 135 弯叶画眉草 [*Eragrostis curvula* (Schrad.) Nees] weep-ing lovegrass 弯叶画眉草属多年生禾草。株高 9 ~ 120cm，密丛型。叶片细长、粗糙、内卷如丝状。圆锥花序开展。产非洲，适于我国南亚热带或热带地区生长。耐淹性、耐热性和耐旱性都较强。再生能力强，耐践踏。适应的土壤 pH 值为 5.0 ~ 7.0，抗盐碱能力一般。对土壤肥力要求较低，适合于各种贫瘠土壤。多用于观赏的草坪。

2. 136 苔草属 (*Carex* L.) sedges 本属有 2000 多种，广布于全世界寒带、温带、亚热带和热带地域。我国有 400 多种。目前我国主要用于草坪的有白颖苔草和异穗苔草 2 个种，但是，此属还有很多种在草坪方面有开发利用的价值。

2. 137 白颖苔草 [*Carex rigescens* (Franch.) V. Krecz] rigens sedge 别名：小羊胡子草。莎草科苔草属多年生草本。株高 5 ~ 40cm，具细长匍匐根状茎，穗状花序卵形或矩圆形，小坚果宽椭圆形。喜冷凉气候，在 − 25℃ 低温条件下能顺利越冬。耐干旱、耐瘠薄，能适应多种土壤类型，肥沃湿润的土壤上生长最佳。耐践踏性中等。在我国分布于辽宁、华北、山东、河南、西北等地。常见于草地、山坡和河边。

2. 138 异穗苔草 (*Carex heterostachya* Bge.) heterostachys sedge 别名：大羊胡子草、黑穗莎草。莎草科苔草属多年生草本。株高 20 ~ 30cm，三棱柱形，纤细。具长匍匐根状茎。叶基生短于秆，穗状花序，小穗小坚果倒卵形。分布于我国的东北、华北、山东、河南、陕西、甘肃等地。常见于草地、山坡、林下和河滩等地。喜冷凉气候，在 $-25℃$ 时仍能顺利越冬。耐阴性极强，郁闭度 80% 的乔木下仍能正常生长。耐干旱性和耐盐碱性很强，在含盐量 $1\% \sim 1.3\%$ 和 pH 值为 7.5 的土壤中生长良好。耐践踏性较差，不耐低修剪。

三、草坪土壤

3.1　土壤 soil　陆地表面由矿物质、有机物质、水、空气和生物组成，具有肥力，能够生长草坪植物的没有固结的土层。

3.2　土壤物理学 soil physics　研究土壤质地、水、温度等物理现象与物理过程的土壤学分支学科。

3.3　土壤化学 soil chemistry　研究土壤养分、酸碱度等化学现象与化学过程的土壤学分支学科。

3.4　土壤肥力 soil fertility　土壤能够供应草坪植物正常生长发育所具有的养分、水分、空气和热的能力。

3.5　土壤管理 soil management　通过耕作、施肥、灌水、打孔、铺沙等措施保持和提高土壤肥力的综合技术体系。

3.6　土壤改良 soil amelioration；soil improvement　针对草坪土壤障碍因素及其危害采取的改善土壤不良性状的技术。

3.7　自然土壤 natural soil　在森林、草原等自然植被下形成、没有或者很少受到人为活动干扰与影响的土壤。

3.8　人为土壤 anthropogenic soil　受到人类生产活动强烈影响或者主要受人类活动影响形成的土壤，草坪土壤是人为土壤的一个类型。

3.9　母质 parent material　通过成土过程可以形成土壤的物质。一般可以分为残积母质和运积母质。

3.10　土壤年龄 soil age　土壤形成的时间，可分为相对年龄和绝对年龄。相对年龄是指土壤发育的程度和发育阶段；绝对年龄是指土壤从开始形成到现在所经历的时间，草坪土壤一般年龄较短。

3.11 土壤形成因素 soil-forming factor 简称"成土因素"。参与和影响土壤形成过程的自然因素和人为因素。自然因素主要是五大因素——气候、母质、生物、地形和时间。草坪土壤的形成，人为因素很重要。

3.12 土壤形成过程 soil-forming process 简称"成土过程"。土壤形成过程中发生的各种物理、化学和生物作用，以及物质转移与能量转换。例如，草坪土壤强烈的生物积累作用。

3.13 生物积累 biological accumulation 主要由于生物活动而导致的土壤有机物质、营养及其他物质的积累作用，草坪土壤生物积累作用比较强烈。

3.14 腐殖质积累 humus accumulation 土壤中腐殖质形成大于矿化而积累的作用。

3.15 土壤剖面 soil profile 土壤三维实体的垂直切面，显露的是平行于地表的土壤发育的层次。这是野外划分土壤类型的重要手段。草坪土壤剖面常是受人为活动影响，自然发生层次受到扰动的剖面。

3.16 土壤发生层 soil genetic horizon 在成土过程中形成的具有发生学特征的土层。自然土壤一般有 O、A、B、C、R 层。草坪土壤受人为活动影响强烈，这种发生层有很大变化。

3.17 有机层 organic horizon 由枯落叶、苔藓地被物以及草坪草活体和残体构成的有机质占优势的层次。

3.18 腐殖质层 humus horizon 在有机层下面具有较高腐殖质含量的矿质土壤层。

3.19 半分解有机层 intermediate decomposed organic horizon 土壤剖面上部枯枝落叶等有机物质中度分解的有机层。

3.20 表土层 surface soil layer 土壤剖面最上部的土层。草坪土壤一般包括根系密集的层次和腐殖质层。

3.21 心土层 subsoil layer 介于表土层和底土层之间的土层。

3.22 底土层 substratum 土壤剖面下部的土层，一般是指 B 层以下的土层。

3.23 土壤分类 soil classification 依据土壤性质差异对土壤进行分别归类。土壤分类方法有土壤发生分类和系统分类。土壤发生分类主要是根据土壤形成条件、形成过程和土壤属性进行的分类方法，是我国目前广泛使用的分类方法；系统分类是以诊断层和诊断特性为基础的谱系式分类方法，在系统分类中草坪土壤是人为土纲。

3.24 土类 soil group 土壤分类系统中亚纲以下的分类级别，是一般经常使用的分类单元，草坪土壤是自然土壤背景上发育起来的人为土壤。

3.25 土系 soil series 土壤系统分类方法中基层分类级别，相当于发生分类方法中的土种。

3.26 粗骨土 skeletal soil 土层很薄含有较多砾石的土壤，山区坡地土壤一般是粗骨土。

3.27 人为土 anthrosol 受强烈人为活动影响或者人工堆积形成的土壤，草坪土壤大都是人为土。

3.28 土壤调查 soil survey 在野外进行土壤考察的工作。

3.29 土钻 soil auger 手工打钻取土的工具，常用多是筒式，研究草坪土壤的特点一般使用钻柄50cm 的筒式土钻。

3.30 土样 soil sample 供分析化验用的土壤样品。

3.31 土壤颜色 soil color 太阳光照射到土壤表面呈现的颜色，可以直接观察，也可以使用门瑟尔比色卡进行比色。

3.32 土壤形态特征 soil morphological characteristics 在土壤剖面上可以观察到或者简易野外测定得到的土壤层次、颜色、结构等土壤物理、化学性质。

3.33 土壤地带性 soil zonality 在地球表面自然土壤类型与气候和自然植被状况紧密相关而呈带状分布的地理规律性，草坪土壤的特点也受土壤地带性的影响。

3.34 粗腐殖质 morraw humus 土壤中保留明显细胞构造的植物残体，草坪土壤的上部土层有较高含量的粗腐殖质。

3.35 半腐殖质 moder 腐殖质中弱腐殖化的植物残体。

3.36 细腐殖质 mull 腐殖物质与黏粒结合的复合体。

3.37 土壤物理性质 soil physical property 由物理力引起并可以用物理术语表述的土壤特性，如土壤密度、质地、结构和土壤水分等。

3.38 土壤颗粒 soil particle 土壤固相中各种粒径的颗粒，简称"土粒"。

3.39 土壤颗粒大小分析 soil particlesize analysis 曾称"土壤机械组成分析"。用沉降法进行测定。

3.40 土壤质地 soil texture 根据土壤中不同粒径颗粒相对含量的比例而区分的土壤粗细程度，草坪土壤一般要求沙壤土到轻壤土。

3.41 土壤结构 soil structure 土壤中包括团聚体和不同颗粒的排列和组合形式。

3.42 土壤改良剂 soil conditioner 用于改良土壤的物理、化学和生物性状、使其更适宜植物的生长。草坪建植中常用的有泥炭、有机肥等。

3.43 土壤密度 soil density 又称"土壤容重"。单位容积土壤的质量，可在一定程度上反映土壤的紧实程度。一般土壤密度为 1.3g/cm^3，如果偏大，土壤较紧实。

3.44 土粒密度 soil particle density 又称"土壤比重"。单位容积土粒的质量。

3.45 **土壤孔隙 soil pore space** 土壤中大小不等、形状各异的各种孔洞。

3.46 **土壤孔隙度 soil porosity** 单位土壤容积内孔隙所占的百分数。

3.47 **土壤水 soil water** 土壤中所有固态、液态和气态各种形态水的统称。土壤水并非纯水,而是包含有胶体颗粒在内的稀薄溶液。

3.48 **毛管水 capillary water** 受毛管压力作用而保持在土壤孔隙中的水分,这是对植物生长有效的一种液态水。

3.49 **重力水 gravitational water** 在自身重力影响下运动的那部分土壤水,这一般是指土壤中粗大孔隙内的液态水。

3.50 **最大吸湿量 maximum hygroscopicity** 土壤颗粒在空气相对湿度达到94%~98%时,依其表面的分子引力和静电引力从大气和土壤空气中吸附气态水,并在土粒表面形成单分子或多分子层,其值为最大吸湿量,这是植物不能利用的无效水。

3.51 **土壤水分常数 soil water constant** 根据土壤水分形态不同而定义的土壤特征含水量,如田间持水量、凋萎系数等。

3.52 **饱和含水量 saturated water content** 土壤中全部孔隙都充满水时的含水量,是土壤所能承受的最大含水量。

3.53 **田间持水量 field capacity** 当土壤水分饱和,排干重力水条件下,土壤含水量恒定不变时的土壤含水量。

3.54 **萎蔫含水量 wilting point** 又称"稳定凋萎含水量"。是植物开始永久凋萎时的土壤水分含量,是土壤中植物能利用的水分下限。

3.55 **土壤含水量 soil water content** 土壤105℃烘干至恒重时失去的水量,用土壤水质量与干土质量的分数来表示。

3.56 **绝对含水量 absolute water content** 单位质量干土中水的

质量或者单位土壤总容积中水的容积。

3.57 **土壤相对含水量 relative water content** 一般是指土壤含水量占田间持水量的百分数，其值可以说明土壤实际含水量以田间持水量为标准的饱和程度。

3.58 **风干土 air-dry soil** 在室温下晾干的土壤，一般土壤分析都常用这种土壤样品。

3.59 **烘干土 oven-dry soil** 105℃烘干至恒定质量时的土壤。

3.60 **张力计 tensiometer** 用多孔陶土作为探头制成的可在原位测定土壤基质势，用来表示土壤水分状况的仪器。

3.61 **土壤导水率 soil hydraulic conductivity** 表征土壤对水分流动的传导能力，是计算土壤水分运动的一个重要系数，以 K 表示，其值是单位水势梯度下单位时间内通过单位土壤断面的水流量。常用单位为 cm/s 或 m/d。

3.62 **饱和导水率 saturated hydraulic conductivity** 土壤孔隙全部被水充满时的导水率，以 Ks 表示。其值主要取决于土壤物理性质和土壤水溶液的性质。

3.63 **有效降水 effective precipitation** 降水量中能够保持在土壤中并对植物有效的降水量。大气降水在草坪有一部分会因草坪的截流、径流而变成无效降水。

3.64 **不透水层 impermeable layer** 土体中极难透过水的土层。其存在对地下水的运动起着阻隔作用，又称为隔水层。

3.65 **蒸渗仪 lysimeter** 一种在控制条件下测定土壤—植物系统水分蒸发、淋失与水平衡的大型装置。也可用于草坪植物—土壤系统水平衡的研究。

3.66 **蒸散作用 evapotranspiration** 土面蒸发和植物蒸腾的共同作用，是草坪生态系统水分消耗的主要部分。

3.67 **干燥度 aridity** 表征气候干燥程度的指数。通常用 K 表示。其值是可能蒸发量与降水量的比值。由于可能蒸发量计算方法不同，干燥度的表示方式也有多种。

3.68 **有效水 available water** 土壤中能被植物根系吸收的水量。通常为田间持水量和萎蔫含水量之间的水量。其值高低与土壤质地、土壤结构、土壤有机质含量等因素有关。

3.69 **土壤呼吸强度 intensity of soil respiration** 对土壤释放二氧化碳即土壤呼吸程度高低的度量。以单位时间内，单位面积土壤扩散出的二氧化碳量来度量。

3.70 **土壤结持度 soil consistency** 土壤在不同含水量范围内具有不同触觉的物理状态，是土壤在不同含水量时表现出来的黏结力和黏着力大小的程度，其值对于耕作有重要意义。

3.71 **土壤坚实度 soil hardness** 又称"土壤硬度"。表示土粒排列密实程度。其值是锥体插入土壤时与垂直压力相当的土壤阻力，可以用土壤硬度计度量。

3.72 **土壤硬度计 core penetrometer** 又称锥形穿入计。一种带有锥形探头可以测定土壤穿入阻力的仪器，草坪土壤的这种特征非常重要。

3.73 **土壤矿物 soilmineral** 土壤中具有一定化学成分和物理性质的各种原生矿物和次生矿物的总称。直接来自火成岩或者变质岩的土壤矿物是原生矿物，在成土过程中形成的黏土矿物与氧化物矿物为次生矿物。

3.74 **黏土矿物 clay mineral** 土壤中一些含铝、镁等为主的层状构造的含水硅酸盐矿物。

3.75 **黏粒矿物 clay-sized mineral** 土壤黏粒粒级所含有的一切矿物。

3.76 **土壤胶体 soil colloid** 指土壤固相粒径直径为 2 ~ 0.001μm 土粒的通称。是土壤中最细微的部分。一般可分为无机胶体、有机胶体、有机—无机复合胶体。

3.77 **土壤反应 soil reaction** 土壤酸碱性质的量度。取决于土壤中氢离子浓度的大小，以 pH 值表示。

3.78 **土壤 pH soil pH** 土壤被氢离子饱和的程度，其值以土壤溶液中氢离子浓度的负对数来表示。

3.79 **土壤酸度 soil acidity** 土壤酸性表现的强弱程度，以 pH 表示。当 pH 小于 6.5 时，土壤呈酸性，其值越小，酸性越强。

3.80 **土壤碱度 soil alkalinity** 土壤碱性的程度，以 pH 表示。当 pH 大于 7.5 时，土壤呈碱性，其值越大，碱性越强。

3.81 **酸性土壤 acid soil** 指土壤 pH 值小于 6.5 的土壤，地毯草、假俭草等适合这类酸性土壤。

3.82 **中性土壤 neutral soil** 指土壤 pH 值在 6.5～7.5 之间的土壤。羊茅、高羊茅、野牛草等适合这类中性土壤。

3.83 **碱性土壤 alkaline soil** 指土壤 pH 值大于 7.5 的土壤。

3.84 **石灰性土 calcareous soil** 含有较高游离碳酸钙和碳酸镁而使土壤 pH 在 7.5～8.5 之间的土壤。

3.85 **土壤含盐量 soil salt content** 土壤中可溶盐的总含量，以每千克干土中可溶盐的克数表示。狗牙根、碱茅等是耐盐性较强的草坪草种。

3.86 **土壤可溶盐 soil soluble salt** 指土壤中氯化物、硝酸盐、硫酸盐等易溶于水的盐类。

3.87 **土壤溶液 soil solution** 土壤中水分及其所含溶质的总称，是土壤中的液相部分。

3.88 **根圈 rhizosphere** 又称"根际"。包括根表面在内的植物根系直接影响的土壤范围，一般是指距离根系表面 1～10mm 的土壤范围。通常包括三部分：根系各细胞层、根表面、围绕根系的土壤区域。

3.89 **内生菌 endophyte** 指生活于健康植物的各种组织和器官

的细胞间隙或细胞内的微生物，包括互惠共利的和中性的内共生微生物，也包括那些潜伏在宿主体内的病原微生物。

3.90 菌根 mycorrhiza 真菌侵染高等植物根部而与根系形成的共生体，菌根的作用主要是扩大根系吸收面，增加对原根毛吸收范围外的元素的吸收能力。有内生菌根和外生菌根两类。

3.91 内生菌根 endomycorrhiza 真菌菌丝进入植物根皮层细胞内，但有少量菌丝伸展在根外面的一类菌根。其中真菌菌丝在植物根皮层细胞内呈丛枝状分布的内生菌根，称为丛枝菌根，曾称"VA 菌根"。

3.92 外生菌根 ectomycorrhiza 真菌菌丝不伸入根部细胞，真菌菌丝体蔓延于根的外皮层细胞间，大部分生长于根外部，紧密地包围植物幼嫩的根，形成菌套，有的向周围土壤伸出菌丝，代替根毛的作用。

3.93 硝化作用 nitrification 土壤内的氨态氮在硝化细菌作用下，氧化成亚硝酸并进一步氧化成硝酸的过程。

3.94 反硝化作用 denitrification 在无氧或者微氧条件下，亚硝酸与硝酸生成氮氧化物和氮气的还原过程。

3.95 氨化作用 ammonification 氨化细菌分解有机氮化物产生氨的过程。

3.96 矿化作用 mineralization 在土壤微生物作用下，土壤中有机态化合物转化为无机态化合物过程的总称。

3.97 好气分解 aerobic decomposition 土壤中有机物质在有氧环境中分解的作用。

3.98 嫌气分解 anaerobic decomposition 土壤中有机物质在无氧环境中分解的作用。

3.99 土壤消毒 soil disinfection 以化学物质或者干热、蒸汽处理土壤以达到杀死其中病菌、线虫及其他有害生物杂草种子或者破坏有毒物质的措施。这常是草坪建植前坪床清理的一项重要措施。

3.100 **土壤有机质 soil organic matter** 土壤中原有的和外来的所有动植物残体的各种分解的产物和新形成的产物的总称。包括腐殖物质、有机残体和微生物体。是土壤固相物质中最活跃的部分。

3.101 **土壤腐殖质 soil humus** 土壤中的有机物质经过微生物的分解、合成而形成的一类结构比较复杂、性质比较稳定的有机化合物的总称。

3.102 **腐殖化作用 humification** 土壤中动、植物残体等有机质在微生物作用下分解、合成腐殖质的过程。

3.103 **腐殖酸 humic acids** 土壤中植物残体经过微生物的分解和转化，以及一系列的化学过程而积累起来的一类由芳香族及其多种官能团构成的高分子有机酸，具有良好的生理活性和吸收、络合、交换等功能的有机物质。

3.104 **碳循环 carbon cycle** 碳元素在地球上的生物圈、地圈、水圈及大气中交换、迁移和转化的过程，这是当前全球气候变化研究的重要内容。

3.105 **氮循环 nitrogen cycle** 氮元素在地球上的生物圈、地圈、水圈及大气中交换、迁移和转化的过程。

3.106 **磷循环 phosphorus cycle** 磷元素在地球上的生物圈、地圈、水圈迁移和转化的过程。

3.107 **植物矿质营养 mineral nutrition of plant** 高等绿色植物为了维持正常生长和代谢需要而吸收、利用除碳、氢、氧以外的无机营养元素的过程。

3.108 **植物有机营养 organic nutrition of plant** 植物对氨基酸、葡萄糖、核酸等有机养分的吸收。

3.109 **最低因子定律 law of the minimum** 又称最小养分定律。指植物生长发育受限于诸环境条件因子中数量最小的一二种因子的现象。

3.110 **矿质营养学说 theory of mineral nutrition** 农业化学家李比希提出的认为绿色植物最原始的养分只能是矿物质的理论。

3.111 **根外营养 exoroot nutrition** 植物通过地上部分器官吸收养分和进行代谢的作用。叶面施肥基于这一理论。

3.112 **营养临界期 critical period of nutrition** 指某种养分缺少或过多时，对作物生育影响最大的时期，即植物对养分需求敏感的时期。

3.113 **离子颉颃作用 ion antagonism** 在介质中一种离子的存在可以抑制植物对另外一种离子的吸收或者运转的作用，K^+ 与 Mg^{2+} 之间有颉颃作用，钾对镁颉颃强烈、镁对钾较弱。

3.114 **大量营养元素 macronutrient** 植物必需的营养元素中，其含量占干物重百分之几到百分之几十的元素。如碳、氢、氧、氮、磷、钾等。

3.115 **中量营养元素 middle element nutrient** 植物必需营养元素中，其含量占干物重 0.2%~1.0% 的元素。如钙、镁、硫等。

3.116 **微量营养元素 micronutrient** 植物必需营养元素中，其含量占干物重小于 100mg/kg 的元素。如硼、锌、铁、锰、铜、钼等。

3.117 **必需元素 essential element** 大多数植物正常生长发育所必不可少的营养元素。这些元素对植物生长或生理代谢有直接作用；缺乏时植物不能正常生长发育；其生理功能不可用其他元素代替。目前被公认的这样的元素有碳、氢、氧等 16 种。

3.118 **有益元素 beneficial element** 对植物生长有促进作用，但并非植物所必需或者只为某些植物所必需，而不是所有植物所必需的元素。如钠、硅、镍、硒等，硅对草坪植物有重要意义。

3.119 **灰分元素 ash element** 干燥植物在燃烧后，残留在灰分中的元素。如钾、钠、钙、镁等。

3.120 **养分有效性 nutrient availability** 养分能够被植物吸收的难易程度。养分有效性可分为：速效养分和迟效养分：能够被植物直接吸收或易转化为可被植物吸收的是速效养分；需经长时间、复杂转化才可释放出来供给植物利用的为迟效养分。

3.121 **全氮 total nitrogen** 材料中各种形态氮素的总量，分为有机氮和无机氮，是草坪土壤氮素营养背景要考虑的内容。

3.122 **全磷 total phosphorus** 材料中各种形态磷素的总量，包括有机磷和无机磷。土壤中的磷素大部分以迟效性状态存在，因此全磷含量不能作为土壤磷素供应的指标，但它是草坪土壤磷素营养背景要考虑的内容。

3.123 **全钾 total potassium** 材料中矿物钾、缓效性钾和速效性钾等各种形态钾素的总量，是考虑草坪土壤钾素营养背景的一个内容。

3.124 **可溶性养分 soluble nutrient** 可以溶解于水或者土壤溶液中易被植物吸收的营养成分，是草坪土壤营养状况要考虑的内容。

3.125 **水溶性养分 water soluble nutrient** 可以溶解于水中、植物容易吸收利用的植物营养成分，是研究草坪土壤营养状况要考虑的内容。

3.126 **难溶性养分 difficultly soluble nutrient** 难溶于水、弱酸性溶液中不能被作物直接吸收利用的植物营养成分。但可以在长期风化过程中，逐步释放出来，所以可看作土壤库的储备营养成分。

3.127 **养分淋失 leaching loss of nutrient** 可溶性养分随渗漏水向下移动到根系活动层以下，淋出土体而引起养分损失的过程，是草坪生态系统物质循环研究的一个重要项目。

3.128 **有机氮 organic nitrogen** 材料中与碳结合的含氮物质的总称。土壤有机氮一般占土壤全氮量 90% 以上，主要来自动植物残体、根分泌物、微生物躯体，多为蛋白质、氨基酸、核酸衍生物、氨基糖等。

3.129 **无机氮 inorganic nitrogen** 材料中不与碳结合的含氮物质的总称，其值是铵态氮和硝态氮的和。

3.130 **水解氮 hydrolysable nitrogen** 可以溶解于水或者一定浓度盐、酸、碱等溶液中的氮，也称土壤有效氮，包括无机态氮和部分有机物质中易分解的比较简单的有机态氮，是氨态氮、硝态氮、氨基酸、酰铵和易水解的蛋白质氮的总和。是草坪土壤营养成分分析中的一个重要项目。

3.131 **铵态氮 ammonium nitrogen** 以铵离子及其盐类如硫酸铵或者分子态氨存在的含氮化合物，草坪土壤营养成分测定中的一个重要项目。

3.132 **硝态氮 nitrate nitrogen** 以硝酸根离子及其盐类如硝酸铵形态存在的含氮化合物，其值可以反映土壤氮素供应情况，常作为施肥指标，草坪土壤营养成分测定中的一个重要项目。

3.133 **有机磷 organic phosphorus** 含磷的有机化合物，是与碳结合的含磷物质的总称。如核蛋白、核酸、磷脂等。

3.134 **无机磷 inorganic phosphorus** 含磷的无机化合物，是材

料中不与碳结合的含磷物质的总称。如磷灰石等。

3.135 **肥料三要素 three essentials of fertilizer** 植物生长需要量较大而且有着重要生理作用的氮、磷、钾 3 种营养元素的总称。

3.136 **生理酸性肥料 physiological acidic ferlitizer** 可以提高土壤酸度的肥料，如硫酸铵、氯化铵等，因为这些肥料施入土壤后，作物吸收其中的阳离子多于阴离子，使残留在土壤中的酸根离子较多，从而可使土壤的酸度提高。

3.137 **生理中性肥料 physiological neutral fertilizer** 肥料中离子态养分被植物吸收利用后，无残留部分或者其残留部分不会使土壤酸碱度发生变化的肥料。如硝酸铵、硝酸钾、磷酸铵等。

3.138 **生理碱性肥料 physiological alkaline fertilizer** 通过作物吸收养分后使土壤碱性能提高的肥料，如硝酸钠、硝酸钙等。

3.139 **速效肥料 readily available ferlitizer** 肥料分解快、养分被植物吸收快、施肥效果也快的肥料，如硫酸铵等。

3.140 **迟效肥料 delayed available ferlitizer** 肥料分解慢，养分不易为植物吸收、利用，肥效反应较慢的肥料。如多数有机肥料及磷矿粉一类无机肥料。

3.141 **缓释肥 slow-release fertilizer** 可以在一定程度上调节肥料养分释放速率而使植物能够持续吸收利用养分的肥料。这些肥料一般包上一层很薄的疏水物质制成包膜化肥。市场上常见的涂层尿素、覆膜尿素、长效碳铵等肥料就是缓释肥的一种类型。草坪专用肥料许多是缓释肥料。

3.142 **包膜肥料 coated fertilizer** 用半透性或不透性薄膜物质包裹速效性化肥颗粒而成的肥料。常用的成膜物质有塑料、树脂、石蜡、聚乙烯和元素硫等。如硫黄包膜尿素等。

3.143 肥料利用率 **utilization rate of fertilizer** 作物吸收利用肥料中养分占施用肥料中养分的百分率。

3.144 缓释氮肥 **slow-release nitrogen fertilizer** 可以在一定程度上调节氮素释放速率而使植物能够持续吸收利用氮素养分的氮肥。包括有机缓释氮肥和包膜氮肥。草坪管理经常使用这种肥料。

3.145 有机缓释氮肥 **organic slow-release nitrogen fertilizer** 这是一种以尿素为基体，与醛反应生成的低水溶性含氮聚合物，可以在土壤中逐步释放出氮素的氮素肥料，如脲甲醛等。

3.146 难溶性磷肥 **difficultly soluble phosphatic fertilizer** 不溶于水只溶于强酸的磷肥，如磷矿粉、骨粉等。施入土壤后，主要靠土壤的酸使它慢慢溶解，变成作物能利用的形态，肥效很慢，但后效很长。在南方酸性土壤建植草坪有的使用这种磷肥。

3.147 复合肥料 **compound or mixed fertilizer** 含有氮、磷、钾三要素中的任何两个或两个以上要素的肥料，包括化成复合肥料和混成复合肥料，草坪管理中经常使用复合肥料。

3.148 养分临界值 **critical value of nutrient** 表示养分缺乏和不缺乏的分界线，是保证作物正常生长发育所必需的各种养分数量和比例的最低值，是诊断指标的一种表示方法。

3.149 叶片分析诊断法 **diagnosis method of leaf analysis** 以植物成熟叶片为样本进行植物养分含量的测定，以判断植物营养状况的方法。这是草坪植物营养诊断常用的方法。

3.150 植物缺素症 **hunger sign in plant, nutrient deficiency symptom in plant** 植物因某种或者多种必需营养元素缺

乏而在外部形态表现出的特有的症状。

3.151 **失绿症 chlorosis**　植物因铁等营养元素缺乏而出现叶片黄化的症状。在某些情况下，草坪草也会出现这种情况。

3.152 **焦灼症 burnt symptom**　禾本科植物缺乏钾而引起的老叶和叶缘发黄、变成褐色和焦枯如灼烧的症状。在一些贫瘠的土壤上草坪植物可能出现这种症状。

3.153 **测土施肥 soil testing and fertilizer recommendation**　以土壤养分测定为基础推荐施肥技术的做法，在草坪管理中这是重要的技术。

3.154 **营养诊断施肥 diagnosis nutrient and fertilization**　以植物养分测定和营养状况分析为基础推荐施肥技术的做法。

3.155 **基肥 basal fertilizer**　草坪建植前结合土壤耕作施用的肥料。

3.156 **统计检验 statistical test**　用数理统计学理论对统计分析进行检验的方法。

3.157 **试验误差 experimental error**　试验观测值与真值间在数值上差值的表现。

3.158 **样地 plot**　用于野外土壤、植物群落调查、采样而选定的地段。

3.159 **样方 quadrat**　野外进行植物生态、植物区系等研究而设定的有限面积的样地，草坪植物群落的调查一般是小样方。

3.160 **土壤库 soil pool**　生态系统物质循环过程中以土壤作为元素储存、交换的场所。

3.161 **储存库 reservoil pool**　生态系统物质循环过程中物质储存较多、停留时间较长的场所，草坪生态系统的物质循环储存库有土壤、草坪植被、大气等。

3.162 **循环库 cycling pool**　生态系统物质循环过程中物质停留

时间较短、交换活跃、库容较小的场所。

3.163 **物质循环 material cycle** 物质在生态系统内部或者生态系统间的储存、转化与迁移的过程，草坪生态系统的物质循环是指水和物质在草坪—土壤—大气系统的循环。

3.164 **土壤退化 soil degradation** 在各种自然，特别是人为因素影响下所发生的土壤肥力下降、植物生长条件恶化、生产力减退的过程。草坪生态系统退化的过程包括土壤退化过程。

3.165 **土壤熟化 anthropogenic mellowing of soil** 通过各种技术措施，使土壤的物理性状改善，肥力提高的过程。

3.166 **保肥性 nutrient preserving capability** 指土壤对养分的吸持和保蓄能力。

3.167 **保水性 water preserving capability** 土壤吸收和保持水分的能力，草坪土壤的保水性要求比较严格。

3.168 **生土 raw soil** 未经人类扰乱过的原生土壤或者耕作层以下土壤肥力很低的心土与底土，在生土上建植草坪要进行改良。

3.169 **熟土 mellow soil** 经过耕作、施肥等农业技术措施，土壤物理性状得到改善，有效肥力状况较高的土体。

3.170 **肥土 fertile soil** 土壤养分含量较高、物理性状良好的土壤。

3.171 **瘠土 infertile soil** 土壤养分缺乏、物理性状较差的土壤。

3.172 **土壤环境因子 soil environment factor** 土壤中影响生物生存的水、热、气及有害物质等因素。

3.173 **土壤污染 soil pollution** 由于人类活动而导致对人类或者生物有害的物质进入土壤，其积累的数量和速度超过土壤净化速度的现象。

四、草坪生理

4.1 水分代谢 water metabolism 植物对水分的吸收、运输、散失的过程。

4.2 水势 water potential 水流的趋势。在等温等压下，植物细胞中的水与纯水之间每偏摩尔体积的水的化学势差。用符号 ψ（音 PSi）或 Ψ_w 表示。植物细胞的吸水不仅取决于细胞的渗透势 ψ_s，压力势 ψ_p，而且也取决于细胞的衬质势 ψ_m。一个典型的植物细胞的水势应由三部分组成，即 $\psi_w = \psi_s + \psi_p + \psi_m$。

4.3 溶质势 solute potential 亦称渗透势，指由于溶质的存在，降低了水的自由能，因而其水势低于纯水的水势，这种水势差即为渗透势。因为纯水水势被定为零，所以渗透势为负值。用 ψ_s 表示。

4.4 衬质势 matrix potential 指植物细胞胶体物质亲水性和毛细管对自由水束缚而引起水势降低的值。用 ψ_m 表示。

4.5 压力势 pressure potential 由于压力的存在而使体系水势改变的数值。用 ψ_p 表示。

4.6 重力势 gravitational potential 由于重力的存在而使体系水势增加的数值。

4.7 扩散 diffusion 物质分子从高浓度区域向低浓度区域转移，直到均匀分布的现象。扩散的速率与物质的浓度梯度成正比。

4.8 渗透作用 osmosis 两种不同浓度的溶液隔以半透膜（允许

溶剂分子通过，不允许溶质分子通过的膜），水分子或其他溶剂分子从低浓度的溶液通过半透膜进入高浓度溶液中的现象。或水分子从水势高的一方通过半透膜向水势低的一方移动的现象。

4.9 萎蔫 wilting 草坪植物在水分亏缺严重时，细胞失去紧张度，叶片和茎的幼嫩部分下垂，这种现象称为萎蔫，又称生理性萎蔫。当发生病害时，也可表现为萎蔫，称病理性萎蔫。可分为暂时萎蔫和永久萎蔫。

4.10 永久萎蔫 permanent wilting 萎蔫植物若在蒸腾降低以后仍不能恢复正常，这样的萎蔫就称为永久萎蔫。永久萎蔫是由于土壤缺乏可利用的水分引起的，只有向土壤供水才能消除植株的萎蔫现象。

4.11 暂时萎蔫 temporary wilting 通过降低蒸腾速率而消除水分亏缺，草坪植物就可恢复紧涨状态的一种萎蔫现象。

4.12 萎蔫系数 wilting coefficient 也称永久萎蔫系数，指植物发生永久萎蔫时，土壤中尚存留的水分占土壤干重的百分率，是反映土壤中不可利用水的指标。永久萎蔫系数因土壤质地而异，粗沙为1%左右，沙壤为6%左右，黏土为15%左右。同一种质地的土壤上，不同作物的永久萎蔫系数变化幅度很小。

4.13 植株相对含水量 relative water content，RWC 植物组织水重占饱和组织水重的百分率。叶片相对含水量（%）= $(W_f - W_d) / (W_t - W_d) \times 100\%$，$W_f$ 为鲜重，W_t 为饱和重，W_d 为干重。

4.14 根系活力 root activity 植物根系生理机能活动的能力。常用 TTC 法测定，氯化三苯基四氮唑（TTC）是标准氧化电位为 80mV 的氧化还原色素，溶于水中成为无色溶液，但还原后即生成红色而不溶于水的三苯甲腙，生成的三苯甲腙比较稳定，不会被空气中的氧自动氧化，所以 TTC 被广泛地用作酶试验的氢受体，植物根系中脱氢酶所引起的 TTC 还原，可因加入琥珀酸、延胡索酸、苹果酸得到增强，而被丙二酸、碘乙酸所抑制。所以，TTC 还原量能表示脱氢酶活性并作为根系活力的指标。

4. 15　质外体途径 apoplast pathway　水分或溶质通过由细胞壁、细胞间隙、胞间层以及导管的空腔组成的质外体部分的移动过程。

4. 16　共质体途径 symplast pathway　指水分或溶质依次从一个细胞的细胞质经过胞间连丝进入另外一个细胞的细胞质的移动过程。

4. 17　主动吸水 active absorption of water　由植物根系的生理活动而引起的吸水过程称为主动吸水。

4. 18　被动吸水 passive absorption of water　植物根系以蒸腾拉力为动力的吸水过程称为被动吸水。

4. 19　根压 root pressure　指由于植物根系生理活动而促使液流从根部上升的压力。它是根系与外液水势差的表现和量度。根系活力强、土壤供水力高、叶的蒸腾量低时，根压较大。伤流和吐水现象是根压存在的表现。

4. 20　伤流 bleeding　伤流是由根压引起的，是从伤口的输导组织中溢出液体的现象。伤流液的数量和成分可作为根系生理活性高低的指标。

4. 21　吐水 guttation　生长在土壤水分充足、潮湿环境中的植物，叶片尖端或边缘的水孔向外溢出液滴的现象。吐水也是由根压引起的。植物生长健壮，根系活动较强，吐水量也较多，所以，吐水现象可以作为根系生理活动的指标，并能用以判断草坪生长的好坏。

4. 22　水分亏缺 water deficit　植物吸水量小于蒸腾和蒸发量，

使体内水分不足，妨碍正常生理活动的现象。

4.23 蒸腾作用 transpiration 指植物体内的水分从活的植物体表面（主要是叶片的气孔）以水蒸气状态散失到大气中的过程。蒸腾作用可以促进水分的吸收和运转，降低植物体的温度，促进盐类的运转和分布。

4.24 气孔 stomatal 狭义上常把保卫细胞之间形成的凸透镜状的小孔称为气孔。广义的气孔（或气孔器）包括保卫细胞，有时也伴有与保卫细胞相邻的 2~4 个副卫细胞。

4.25 气孔导度 stomatal conduction 气孔导度表示的是气孔张开的程度，影响光合作用，呼吸作用及蒸腾作用。

4.26 保卫细胞 guard cell 植物叶或幼茎表皮上两个围合成气孔的细胞，禾本科草坪植物的保卫细胞为哑铃状，成对分布在叶片的上、下表皮，在保卫细胞外侧还有两个菱形的副卫细胞。

4.27 蒸腾速率 transpiration rate 指植物在一定时间内单位叶面积蒸腾的水量。一般用每小时每平方米叶面积蒸腾水量的克数表示（$g \cdot m^{-2} \cdot h^{-1}$）。由于叶面积较难测定，也可用 100g 叶鲜重每小时蒸腾失水的克数来表示。蒸腾速率 = 蒸腾失水量/单位叶面积×时间。

4.28 蒸散 evapotranspiration，ET 指一定时间内草坪植物蒸腾和土壤蒸发的总耗水量。是农田水分平衡的重要组成部分。

4.29 耗水量 water consumption 单位时间内植物蒸腾失水和土壤蒸发水量的总和。

4.30 电导率 conductivity 是物质传送电流的能力，是电阻率的倒数。在液体中常以电阻的倒数——电导来衡量其导电能力的大小。水的电导率能反映出水中存在的电解质的程度。植物抗性生理中常用电导率来衡量植物细胞的膜系统稳定性，植物的细胞膜常是最先受到逆境伤害的部位，膜受损伤后透性加大，细胞内离子（主要是 K^+ 离子）外渗量增多，电导率加大。因此可以用电导仪测定溶液的电导率，来测定植物细胞的电解质渗出率（或称伤害率）。电导率越高，则细胞膜电解质渗出率越大，植物细胞膜受伤害的程度越高。

4.31 **溶液培养法 solution culture method** 亦称为水培法，是在含有全部或部分营养元素的溶液中培养植物的方法。

4.32 **砂培法 sand culture method** 是在洗净的石英砂或玻璃球等基质中加入营养液来培养植物的做法。

4.33 **协助扩散 facilitated diffusion** 指小分子物质经膜转运蛋白顺浓度梯度或电化学梯度跨膜的转运。

4.34 **离子通道 ion channel** 各种无机离子跨膜被动运输的通道。生物膜对无机离子的跨膜运输有被动运输（顺离子浓度梯度）和主动运输（逆离子浓度梯度）两种方式。被动运输的通道称离子通道，主动运输的离子载体称为离子泵。

4.35 **膜片钳 patch clamp, PC** 又称单通道电流记录技术，用特制的玻璃微吸管吸附于细胞表面，使之形成阻抗数值可达 $10 \sim 100 G\Omega$ 的密封（giga-seal），被孤立的小膜片面积为 μm 量级，其中仅有少数离子通道。然后对该膜片实行电压钳位，可测量单个离子通道开放产生的 pA（10^{-12} A）量级的电流，这种通道开放是一种随机过程。通过观测单个通道开放和关闭的电流变化，可直接得到各种离子通道开放的电流幅值分布、开放几率、开放寿命分布等功能参量，并分析它们与膜电位、离子浓度等之间的关系。还可把吸管吸附的膜片从细胞膜上分离出来，以膜的外侧向外或膜的内侧向外等方式进行实验研究。这种技术对小细胞的电压钳位、改变膜内外溶液成分以及施加药物都很方便。

4.36　感受蛋白 sensor protein　可对细胞内外由光照、激素或 Ca^{2+} 引起的化学刺激做出反应的蛋白。

4.37　共向传递体 symport　膜的一侧与 H^+ 结合的同时又与另一种分子或离子结合，并将二者横跨膜，释放到膜的另一侧而进行跨膜物质转运的载体蛋白叫共向传递体。

4.38　反向传递体 anfiport　将 H^+ 转移到膜的一侧的同时，将物质转移到另一侧而进行跨膜物质转运的载体蛋白叫反向传递体。

4.39　单向传递体 uniport　载体蛋白在膜的一侧与物质有特异性结合，并通过载体蛋白的构象变化顺着电化学势梯度将物质转移到膜的另一侧。载体蛋白构象变化依靠膜电位的过极化或 ATP 分解产生的能量。

4.40　离子选择吸收 selective absorption　指植物对同一溶液中不同离子或同一盐的阳离子和阴离子吸收的比例不同的现象。

4.41　单盐毒害 toxicity of single salt　任何植物，假若培养在某一单盐溶液中，不久呈现不正常的状态，最后死亡，这种现象即单盐毒害。

4.42　离子颉颃 ion antagonism　在发生单盐毒害的溶液中加入少量其他金属离子，即能减弱或消除这种单盐毒害，离子间的这种作用称为离子颉颃。

4.43　离子交换 ion exchange　植物根系呼吸产生的 CO_2 溶于水后形成 CO_3^{2-}、H^+、HCO_3^- 等离子，这些离子可以和根外土壤溶液中以及土壤胶粒上的一些离子如 K^+、Cl^- 等发生交换。土壤溶液中的离子或者土壤胶粒上的离子被转移到根表面，如此反复，根系便可不断地吸收矿质营养。

4.44　代谢还原 metabolic reduction　NO_3^- 和 NH_4^+ 是能被植物吸收的最主要的氮源。在一般情况下，NO_3^- 是植物吸收的主要形式。硝酸盐中的氮为高度氧化状态，蛋白质等细胞组分中的氮却呈高度还原状态。被吸收的硝酸盐必须经还原后才能进一步被利用。一般认为，硝酸盐还原为氨（NH_3）基本上可分为两个阶段：一是硝酸盐还原为亚硝酸盐；二是在亚硝酸还原酶作用下，将亚硝酸还原为氨。即：$NO_3^- \rightarrow NO_2^- \rightarrow NH_4^+$。

4.45　叶绿体 chloroplast　植物细胞中含有叶绿素等用来进行光合作用的细胞器。

4.46　叶绿素 chlorophyll　光合膜中的绿色色素，它是光合作用中捕获光的主要成分。高等植物的叶绿素有叶绿素 a 和叶绿素 b 两种。

4.47　叶绿素 a Chl a　叶绿素 a 的分子式为 $C_{55}H_{72}O_5N_4Mg$。是卟啉化合物，是由 4 个吡咯环组成的 1 个大环。这个大环中有一整套共轭双键，也就是 1 个大 π 键。在这个卟啉环中央有 1 个镁原子。镁与 4 个氮原子的距离是相等的。叶绿素所以是绿色，主要就是由这个卟啉环中的 π 电子和 Mg 所决定的。叶绿素 a 呈蓝绿色，在光合作用中，绝大部分叶绿素 a 的作用是吸收及传递光能，仅极少数叶绿素 a 分子起转换光能的作用。它们在活体中大概都是与蛋白质结合在一起，存在于类囊体膜上。

4.48　叶绿素 b Chl b　叶绿素 b 的分子式为 $C_{55}H_{70}O_6N_4Mg$，与叶绿素 a 差别很小，叶绿素 b 呈黄绿色。它们在结构上的差别，仅在于 1 个—CH_3 被 1 个—CHO 所取代。

4.49　类囊体 thylakoid　类囊体在叶绿体基质中，是单层膜围成的扁平小囊，也称为囊状结构薄膜。沿叶绿体的长轴平行排列。类囊体膜上含有光合色素和电子传递链组分，光能向化学能的转化在此进行，因此类囊体膜亦称光合膜。

4.50 **光合作用 photosynthesis** 指绿色植物吸收光能，把 CO_2 和水合成有机化合物，同时释放氧气的过程。

4.51 **光反应 light reaction** 光反应又称为光系统电子传递反应（photosythenic electron-transfer reaction）。光反应是光合作用过程中需要光的阶段。在反应过程中，来自太阳的光能使绿色生物的叶绿素产生高能电子从而将光能转变成电能。然后电子通过在叶绿体类囊体膜中的电子传递链间的移动传递，并将 H^+ 质子从叶绿体基质传递到类囊体腔，建立电化学质子梯度，用于 ATP 的合成。光反应的最后一步是高能电子被 $NADP^+$ 接受，使其被还原成 NADPH。光反应的场所是类囊体。概括地说，光反应是通过叶绿素等光合色素分子吸收光能，并将光能转化为化学能，形成 ATP 和 NADPH 的过程。光反应包括光能吸收、电子传递、光合磷酸化三个主要步骤。

4.52 **暗反应 dark reaction** 暗反应是 CO_2 固定反应，在这一反应中，叶绿体利用光反应产生的 ATP 和 NADPH 这两个高能化合物分别作为能源和还原的动力将 CO_2 固定，使之转变成葡萄糖，由于这一过程不需要光所以称为暗反应。暗反应开始于叶绿体基质，结束于细胞质基质。

4.53 **光系统Ⅰ photosystemⅠ，PSⅠ** 在光合膜中把吸收长波光的系统称为光系统Ⅰ。

4.54 **光系统Ⅱ photosystemⅡ，PSⅡ** 把吸收短波光的系统称为光系统Ⅱ。

4.55 **1,5-二磷酸核酮糖羧化酶 RuBisCO** 是在光合作用中的卡尔文循环里起重要作用的一种酶，用1,5-二磷酸核酮糖作为底物来固定二氧化碳，生成六碳磷酸盐，这种高度不稳定的中间产物最终分解为两分子的甘油三磷酸。

4.56 光合膜 photosynthetic membrane 由于光合作用的光反应是在类囊体膜上进行的，所以称类囊体膜为光合膜。

4.57 类胡萝卜素 carotenoid 不溶于水而溶于有机溶剂。叶绿体中的类胡萝卜素含有两种色素，即胡萝卜素（carotene）和叶黄素（lutein），前者呈橙黄色，后者呈黄色。功能为吸收和传递光能，保护叶绿素。

4.58 荧光 fluorescence 激发态的叶绿素分子回至基态时，可以光子形式释放能量。处在第一单线态的叶绿素分子回至基态时所发出的光称为荧光。

4.59 叶绿素荧光 chlorophyll fluorescence 叶绿素荧光作为光合作用研究的探针，得到了广泛的研究和应用。叶绿素荧光不仅能反映光能吸收、激发能传递和光化学反应等光合作用的原初反应过程，而且与电子传递、质子梯度的建立及 ATP 合成和 CO_2 固定等过程有关。几乎所有光合作用过程的变化均可通过叶绿素荧光反映出来，而荧光测定技术无须破碎细胞，不伤害生物体，因此通过研究叶绿素荧光来间接研究光合作用的变化是一种简便、快捷、可靠的方法。

4.60 光合磷酸化 photosynthetic phosphorylation 人们把光下在叶绿体中发生的由 ADP 与 Pi 生成 ATP 的反应称为光合磷酸化。

4.61 碳同化 CO_2 assimilation 植物利用光反应中形成的 NADPH 和 ATP 将 CO_2 转化成稳定的碳水化合物的过程，称为 CO_2 同化或碳同化。

4.62 光呼吸 photorespiration 植物绿色细胞在光照条件下吸收氧气，释放 CO_2 的反应。由于这种反应仅在光下发生，需叶绿体参与，并与光合作用同时发生，故称光呼吸。

4.63 C_3 途径 C_3 pathway 在光合作用的暗反应过程中，1 个

CO_2 被 1 个五碳化合物（1,5-二磷酸核酮糖，简称 RuBP）固定后形成 2 个三碳化合物（3-碳酸甘油酸），即 CO_2 被固定后最先形成的化合物中含有 3 个碳原子，这种固定 CO_2 的方式称为 C_3 途径，又称卡尔文（Calvin）循环。CO_2 受体为 RuBP，最初产物为 3-磷酸甘油酸（PGA）。在草坪植物中，大多数冷季型草坪植物（如翦股颖属、黑麦草属、高羊茅属、早熟禾属）均属于 C_3 植物，其光合作用固定 CO_2 的方式为 C_3 途径。

4.64 C_4 途径 C_4 pathway 有一些植物对 CO_2 的固定反应是在叶肉细胞的胞质溶胶中进行的，在磷酸烯醇式丙酮酸羧化酶的催化下将 CO_2 连接到磷酸烯醇式丙酮酸（PEP）上，形成四碳酸草酰乙酸（oxaloacetate），这种固定 CO_2 的方式称为 C_4 途径。在草坪植物中，大多数暖季型草坪植物（如狗牙根属、结缕草属、雀稗属、假俭草属）均属于 C_4 植物，其光合作用固定 CO_2 的方式为 C_4 途径。

4.65 景天科酸代谢 crassulacean acid metabolism，CAM 许多肉质植物的一种特殊代谢方式，简称 CAM。它们的绿色组织上的气孔夜间开放，吸收并固定 CO_2，形成以苹果酸为主的有机酸；白天则气孔关闭，不吸收 CO_2，但同时却通过光合碳循环将从苹果酸中释放的 CO_2 还原为糖。这种代谢方式首先在景天科植物中被发现，从而得名。

4.66 光补偿点 light compensation point 植物光合作用的同化产物与呼吸作用所消耗的物质达到平衡时所接受的光照强度的下限。

4.67 光饱和点 light saturation point 在一定的光强范围内，植物的光合强度随光照度的上升而增加，当光照度上升到某一数值之后，光合强度不再继续提高时的光照度值。

4.68 光抑制 photoinhibition of photosynthesis 光能超过光合系

统所能利用的数量时，光合功能下降的现象。光抑制主要发生在光系统Ⅱ。

4.69　光合速率　photosynthesis rate　通常指单位时间、单位叶面积的 CO_2 吸收量或 O_2 的释放量，也可用单位时间、单位叶面积上干物质积累的量来表示。

4.70　呼吸作用　respiration　生物体内的有机物在细胞内经过一系列的氧化分解，最终生成 CO_2 或其他产物，并且释放出能量的总过程，叫做呼吸作用（又叫生物氧化）。

4.71　有氧呼吸　aerobic respiration　是指细胞在氧的参与下，通过酶的催化作用，把糖类等有机物彻底氧化分解，产生 CO_2 和水，同时释放出大量能量的过程。有氧呼吸是高等动物和植物进行呼吸作用的主要形式，因此，通常所说的呼吸作用就是指有氧呼吸。细胞进行有氧呼吸的主要场所是线粒体。

4.72　无氧呼吸　anaerobic respiration　一般是指细胞在无氧条件下，通过酶的催化作用，把葡萄糖等有机物质分解成为不彻底的氧化产物，同时释放出少量能量的过程。

4.73　三羧酸循环　tricarboxylic acid cycle，TCAC　又称柠檬酸循环。是糖、脂肪和蛋白质在体内彻底氧化的共同途径。该循环从乙酰辅酶 A 与草酰乙酸合成柠檬酸开始，每循环一次，可完成一分子乙酰基氧化成等当量的 CO_2 和水，同时生成 12 个 ATP 分子和 1 分子草酰乙酸。由于该循环含有 3 个羧基，故名三羧酸循环。

4.74　呼吸链　respiration chain　即呼吸电子传递链，是线粒体内膜上由呼吸传递体组成的电子传递系统。

4.75　电子传递链　electron transport chain　是一系列电子载体按对电子亲和力逐渐升高的顺序组成的电子传递系统。所有组成成分都嵌合于线粒体内膜或叶绿体类囊体膜或其他生物膜中，而且按顺序分段组成分离的复合物，在复合物内各载体成分的物理排列也符合电子流动的方向。其中线粒体中的电子传递链是伴随着营养物质的氧化放能，又称作呼吸链。

4.76 **抗氰呼吸 cyanide-resistant respiration** 在氰化物存在条件下仍运行的呼吸作用。

4.77 **呼吸速率 respiratory rate** 指在一定温度下，单位重量的活细胞（组织）在单位时间内吸收 O_2 或释放 CO_2 的量，通常以"$mg(\mu L) \cdot h^{-1} \cdot g^{-1}$"为单位，表示每克活组织（鲜重、干重、含氮量等）在每小时内消耗氧或释放二氧化碳的毫克数（或微开数）。呼吸速率的大小可反映某生物体代谢活动的强弱。

4.78 **同化物 assimilate** 新陈代谢的时候分同化和异化。同化就是把从外界摄入的物质转化成为自身的物质。异化则相反，是把自身的物质氧化分解，排至体外。所谓同化产物就是同化作用产生的物质。

4.79 **信息传递 message transportation** 细胞感受刺激后把相关的信息传递到有关的靶细胞，并诱发胞内信号转导，调节基因的表达或改变酶的活性，从而使细胞作出反应。

4.80 **信号转导 signal transduction** 在细胞通讯过程中，强调信号的接收与接收后信号转换的方式（途径）和结果，包括配体与受体结合、第二信使的产生及其后的级联反应等，即信号的识别、转移与转换。

4.81 **化学信号 chemical signal** 是指细胞感受刺激后合成并传递到作用部位引起生理反应的化学物质。一般认为，植物激素是植物体主要的胞间化学信号。

4.82 **物理信号 physical signal** 是指细胞感受到刺激后产生的能够起传递信息作用的电信号和水力学信号。

4.83 **植物激素 plant hormones** 是植物体内合成的对植物生长发育有显著作用的几类微量有机物质。也被称为植物天然激素或植物内源激素。

4.84 **植物生长调节剂 plant growth regulators** 是一类与植物激素具有相似生理和生物学效应的物质。已发现具有调控植物生长和发育功能的物质有生长素、赤霉素、乙烯、细胞分裂素、脱落酸、油菜素内酯、水杨酸、茉莉酸和多胺等。植物生长调节剂可应用于草坪的养护管理中。

4.85 **激素受体 hormone receptor** 能与激素特异结合的，并引发特殊生理生化反应的蛋白质。

4.86 **结合蛋白 binding protein** 植物细胞内能与激素或其他信号结合进行特异结合的蛋白质。受体是结合蛋白的一种。

4.87 **生长素 auxin，IAA** 生长素是一类含有一个不饱和芳香族环和一个乙酸侧链的内源激素，一开始是指吲哚乙酸（IAA），现在泛指生长素类的激素。

4.88 **赤霉素 gibberellin，GA** 是在研究水稻恶苗病时被发现的，它是指具有赤霉烷骨架，并能刺激细胞分裂和伸长的一类化合物的总称。

4.89 **细胞分裂素 cytokinin，CTK** 是一类促进细胞分裂、诱导芽的形成并促进其生长的植物激素。

4.90 **脱落酸 abscisic acid，ABA** 脱落酸是一种具有倍半萜结构的植物激素。最初的研究表明脱落酸与棉铃的脱落有关，故命名为脱落酸。但目前的研究显示：脱落酸是一种重要的植物逆境激素，与植物的脱落无直接相关。

4.91 **乙烯 ethylene，ET，ETH** 是一种不饱和烃，其化学结构为 $CH_2 = CH_2$，是各种植物激素中分子结构最简单的一种。乙烯在极低浓度（$0.01 \sim 0.1 \mu L \cdot L^{-1}$）时就对植物产生生理效应。

4.92 油菜素内酯 brassinolide，BR 也称芸苔素内酯，是一种活性较高的高效、广谱、无毒的植物生长激素。目前，在植物中已经发现40多种油菜素内酯化合物，它们总称为油菜素内酯类化合物（简称 BRs），广泛分布于不同科属的植物及植物的不同器官中。其中含量较高、活性较强的一种叫油菜素甾酮。在植物上应用的 BRs，主要有油菜素内脂（BR）和表油菜素内酯（epiBR）。

4.93 茉莉酸 jasmonic acid，JA 化学名称为 3-氧-2-（2'-戊烯基）-环戊烷乙酸。有抑制植物生长、萌发、促进衰老、提高抗性等生理作用。

4.94 茉莉酸甲酯 methyl jasmonate 茉莉酸甲酯（MeJA）作为与损伤相关的植物激素和信号分子，广泛地存在于植物体中，外源应用能够激发防御植物基因的表达，诱导植物的化学防御，产生与机械损伤和昆虫取食相似的效果。

4.95 水杨酸 salicylic acid，SA 水杨酸是一种酚类激素，可调节植物的生长发育，对植物的光合作用、蒸腾作用与离子的吸收与运输也有调节作用。水杨酸同时也可以诱导植物细胞的分化与叶绿体的生成。水杨酸还作为内生信号参与植物对病原体的抵御，通过诱导组织产生病程相关蛋白，当植物的一部分受到病原体感染时在其他部分产生抗性。通过形成挥发性的水杨酸甲酯，这一信号还可在不同植物间传递。

4.96 多胺 polyamines，PA 是一类脂肪族含氮碱，包括二胺、三胺、四胺及其他胺类，广泛存在于植物体内。具有刺激植物生长和防止衰老等作用，能调节植物的多种生理活动。

4.97 分化 differentiation 从一种同质的细胞类型转变成形态结构和功能与原来不相同的异质细胞类型的过程称为

分化。

4.98 发育 development 在生命周期中，生物的组织、器官或整体在形态结构和功能上的有序变化过程称为发育。

4.99 营养生长 vegetative growth 植物根、茎、叶等营养器官的生长，叫做营养生长。

4.100 生殖生长 reproductive growth 当植物营养生长到一定时期以后，便开始分化形成花芽，以后开花、授粉、受精、结果（实），形成种子。植物的花、果实、种子等生殖器官的生长，称为生殖生长。

4.101 细胞分裂 cell division 是一个细胞分裂为两个细胞的过程。分裂前的细胞称母细胞，分裂后形成的新细胞称子细胞。通常包括核分裂和胞质分裂两步。在核分裂过程中母细胞把遗传物质传给子细胞。在单细胞生物中细胞分裂就是个体的繁殖，在多细胞生物中细胞分裂是个体生长、发育和繁殖的基础。

4.102 组织培养 tissue culture 指从植物体分离出符合需要的组织、器官或细胞、原生质体等，通过无菌操作，在人工控制条件下进行培养以获得再生的完整植株的技术。

4.103 悬浮培养 suspension culture 细胞悬浮于培养基中进行培养或生长的方法。

4.104 再分化 redifferentiation 已经脱分化的细胞在一定条件下，又可经过愈伤组织或胚状体，再分化出根和芽，形成完整植株，这一过程叫作再分化。

4.105 绝对生长速率 absolute growth rate, AGR 指单位时间内植株的绝对生长量。

4.106 相对生长速率 relative growth rate, RGR 指单位时间内的增加量占原有数量的比值，或者说原有物质在某一时间内的增加量。

4. 107 **根冠比 root shoot ratio** 是指植物地下部分根系与地上部分茎叶的鲜重或干重的比值。它的大小反映了植物地下部分与地上部分的相关性。

4. 108 **光敏色素 phytochrome** 存在于高等植物的所有部分中，是植物体本身合成的一种调节生长发育的色蛋白。由蛋白质及生色团两部分组成，后者是 4 个吡咯分子连接成直链，与藻胆素类似。所有具光合作用的植物（光合细菌除外）均含有，含量极低。

4. 109 **春化作用 vernalization** 某些冷季型草坪草必须经过一段时间的低温诱导，才能促使其花芽形成和花器官发育的作用称为春化作用。

4. 110 **光周期 photoperiodism** 生长在地球上不同地区的植物在长期适应和进化过程中表现出生长发育的周期性变化，植物对昼夜长度发生反应的现象称为光周期现象。

4. 111 **光周期诱导 photoperiodic induction** 在一定时间内给予适宜的光周期影响，以后即使置于不适宜的光周期条件下，而光周期的影响仍可持续下去，这种现象即光周期诱导。

4. 112 **超氧化物歧化酶 superoxide dismutase，SOD** 是一种能够催化超氧化物通过歧化反应转化为氧气和过氧化氢的酶。它广泛存在于各类动物、植物、微生物中，是一种重要的抗氧化剂，保护暴露于氧气中的细胞。

4. 113 **过氧化物酶 peroxidase，POD** 是普遍存在于植物体内的含铁卟啉辅基的酶，它参与植物体内的多种生理生化过程，与一些高等植物的发育进程有密切的关系，在细胞发育中有重要作用。

4. 114 **过氧化氢酶 CAT** 是一类抗氧化剂，广泛存在于植物的所有组织中，能将过氧化氢分解为氧和水，可使生物机体免受过氧化氢的毒害作用。

4.115　丙二醛 MDA　是膜脂过氧化的主要产物，它可与植物细胞膜上的蛋白质、酶等结合，引起蛋白质分子内和分子间的交联，使之失活，引起一系列生理生化功能紊乱，导致植物死亡。

4.116　酶活性 enzyme activity　指酶催化一定化学反应的能力。用酶催化反应的初速度衡量，用国际单位表示，即在特定条件下（指对酶的催化作用最适的温度、pH 和饱和的底物浓度）1min 内催化 1μmol 底物转变的酶量。实际应用中常根据具体条件自行规定活性单位。

4.117　愈伤组织 callus　在组织培养中，指在培养基上由外植体长出一团无序生长的薄壁细胞。

4.118　再生 regeneration　植物体因受伤或生理上分离而失掉组织或器官后，恢复或复制失去部分的现象，在植物组织中，尤以分生组织的再生能力更为明显。

4.119　逆境 environmental stress　指对植物生存与发育不利的各种环境因素的总称。

4.120　抗性 resistance　植物的抗性是指植物具有的抵抗不利环境的某些性状。如抗寒、抗旱、抗盐、抗病虫害等。

4.121　逆境逃避 stress avoidance　指植物通过各种方式避开逆境的影响，分为避逆性和御逆性，总称为逆境逃避。避逆性指植物通过对生育周期的调整来避开逆境的干扰，在相对适宜的环境中完成其生活史。御逆性指植物处于逆境时，通过其调节机制，使植物生理过程不受或少受逆境的影响，仍能保持正常的生理活性。由于这种方式是避开逆境的影响，不利因素并未进入组织，故组织本身通常不会产生相应的反应。

4.122　逆境忍耐 stress tolerance　即耐逆性，指植物处于不利环境时，通过代谢反应来阻止、降低或修复由逆境造成的损伤，使其仍保持正常的生理活动。

4.123 **渗透调节 osmotic adjustment** 指在渗透胁迫条件下，植物细胞通过主动增加溶质降低渗透势，增强吸水和保水能力，以维持正常细胞的膨压作用。

4.124 **渗透调节物质 cytoplasmic osmoticum** 渗透调节物质的种类很多，大致可分为两大类：一类是由外界进入细胞的无机离子；另一类是在细胞内合成的有机物质。

4.125 **脯氨酸 proline** 是重要的有机渗透调节物质。可作为渗透调节物质，用来保持原生质体与环境的渗透平衡。

4.126 **甜菜碱 betaines** 一类季铵化合物，化学名称为 N-甲基代氨基酸。是一类细胞质渗透调节物质，植物中的甜菜碱主要有甘氨酸甜菜碱、丙氨酸甜菜碱和脯氨酸甜菜碱等，在干旱、盐渍条件下会发生甜菜碱的累积，主要分布于细胞质中。

4.127 **电解质外渗率 electrolyte leakage** 当质膜的选择透性被破坏时，细胞内电解质外渗，其中包括盐类、有机酸等，这些物质进入环境介质中，如果环境介质是蒸馏水，那么这些物质的外渗会使蒸馏水的电导性增加，表现在电导率的增加上。植物受伤害越严重，外渗的物质越多，介质导电性也就越强，测得的电导率就越高。

4.128 **可溶性糖 soluble sugar** 可溶性糖包括葡萄糖、果糖、蔗糖等可溶于水的糖类物质。植物为了适应逆境条件，如干旱、低温，也会主动积累一些可溶性糖，降低渗透势和冰点，以适应外界环境条件的变化。

4.129 **可溶性蛋白质 soluble protein** 可溶性蛋白质指可以以小分子状态溶于水或其他溶剂的蛋白，植物体内的可溶性蛋白质大多数是参与各种代谢的酶类。

4.130 **逆境蛋白 stress protein** 在逆境条件下，植物关闭一些正常表达的基因，启动某些与逆境相适应的基因。多种逆境都会抑制原来正常蛋白质的合成，同时诱导形成新的蛋白质，这些在逆境条件下诱导产生的蛋白质统称为逆境蛋白。例如，热激蛋白（heat shock protein，HSP）、冷响应蛋白（cold responsive protein，CORP）、病程相关蛋白（pathogenesis related protein，PRP）、厌氧蛋白（anaerobic protein）、紫外线诱导蛋白（UV-induced protein）、化学试剂诱导蛋白（chemical-induced protein）等。

4.131 **低温诱导蛋白 low-temperature-induced protein** 低温处理下诱导形成新的蛋白，称冷响应蛋白（cold responsive protein）或冷击蛋白（cold shock protein）。

4.132 **盐逆境蛋白 salt-stress protein** 植物受到盐胁迫时会形成一些蛋白质或使某些蛋白合成增强，称为盐逆境蛋白。

4.133 **抗冷性 chilling-resistance** 植物对冰点以上低温的抵抗能力叫抗冷性。

4.134 **冻害 freezing injury** 冰点以下低温对草坪植物所产生的危害叫作冻害。

4.135 **抗冻性 freezing resistance** 植物对冰点以下低温的抵抗能力叫抗冻性。

4.136 **热害 heat injury** 由高温引起植物伤害的现象称为热害。

4.137 **抗热性 heat resistance** 植物对高温胁迫的抵抗能力称为抗热性。

4.138 **干旱 drought** 土壤水分缺乏或大气相对湿度过低时，植物蒸散所消耗的水要大于植物能够吸收的水，造成植物组织水分亏缺。过度水分亏缺的现象，称为干旱。

4.139 **旱害 drought injury** 指土壤水分缺乏或大气相对湿度过低对植物的危害。

4.140　**干旱胁迫 drought stress**　当植物失水大于吸水时，细胞和组织紧张度下降，正常生理功能受到干扰，这种状态称为干旱胁迫。

4.141　**抗旱性 drought resistance**　植物抵抗旱害的能力。

4.142　**涝害 flood injury**　水分过多对植物的危害称为涝害。

4.143　**抗涝性 flood resistance**　植物对积水或土壤过湿的适应能力或抵抗力称为植物的抗涝性。

4.144　**抗盐性 salt resistance**　植物对土壤盐分过多的抵抗能力。

4.145　**避盐 salt avoidance**　有些植物通过某种途径或方式避免体内的盐分含量升高，以避免伤害，这种抗盐方式称为避盐。

4.146　**拒盐 salt exclusion**　是指不让外界的盐分进入体内。拒盐植物的细胞原生质透性很特殊，对某些盐分透性很小，在一定浓度的盐分范围内，根系可能不吸收或很少吸收盐分。

4.147　**泌盐 salt excretion**　是指能通过盐腺、气孔等将盐排出体外，避免盐分的危害。

4.148　**稀盐 salt dilution**　某些盐生植物将吸收到体内的大量盐分通过不同方式稀释到不发生毒害的水平，一般植物可通过增加吸水量或快速生长等方式来稀释盐分。

4.149　**耐盐 salt resistance**　耐盐是指通过生理或代谢过程来适应细胞内的高盐环境的现象。

4.150　**遮阴 shading**　是指由于建筑物或树林等环境因子阻挡了阳光直接照射到植物体，使植物无法接受完全的光照的现象。草坪植物比较容易受到遮阴的影响。

4.151　**耐踏性 wear tolerance**　指草坪的茎叶耐受人、机械等践踏的能力。草坪的耐踏性由茎叶的耐磨损损害能力和草坪根茎耐土壤板结能力两方面组成。

4.152　低修剪 Low mowing　各种草坪植物对修剪高度有一定的耐受范围，低修剪是指草坪修剪高度低于或接近于草坪所能耐受的高度的现象。

五、草坪生态

5.1 **生态学 ecology** 研究生物与其周围环境（包括非生物环境和生物环境）相互关系的科学。

5.2 **植物生态学 plant ecology** 研究植物（包括个体、种群和群落）与其生存环境之间相互关系的科学。

5.3 **微生物生态学 microbial ecology** 研究微生物与其生存环境间相互关系的科学。

5.4 **个体生态学 autecology** 研究环境对生物个体发育的影响以及个体对环境适应规律的科学。

5.5 **种群 population** 在一定空间范围内同时生活着同种个体的集群。

5.6 **群落 community** 有直接或间接关系的多种生物种群间有规律的组合，相互之间具有复杂的种间关系。

5.7 **种群生态学 population ecology** 研究生物种群与其生存环境之间相互关系的科学。

5.8 **群落生态学 community ecology** 研究生物群落与其生存环境之间相互关系的科学。

5.9 **生态系统生态学 ecosystem ecology** 研究生态系统的结构与功能、演替、多样性和稳定性，以及生态系统对于干扰的恢复能力和自我调控能力的学科。

5.10 **景观生态学 landscape ecology** 从景观尺度方面研究生态问题的新兴学科，重点关注人类与景观的相互作用和相互协调问题。

5.11　**草地生态学 grassland ecology**　研究草地与其生存环境之间相互关系的科学。

5.12　**生理生态学 physiological ecology**　研究生物对环境适应性的生理机制的科学，是生理学与生态学的交叉学科。

5.13　**植物生理生态学 plant physiological ecology**　研究植物对环境适应性的生理机制的科学。

5.14　**应用生态学 applied ecology**　研究应用过程中动植物生产、资源和环境管理等方面实践需要的生态学原理和方法的科学。

5.15　**城市生态学 urban ecology**　研究城市居民与城市环境之间相互关系的科学。

5.16　**热岛效应 heating island effect**　因城市特殊的下垫面及其高度集中的人类活动导致市区气温高于郊区气温的现象。

5.17　**环境 environment**　某一特定生物体或生物群体以外的空间及直接、间接影响该生物体或生物群体生存的一切事物的总和。

5.18　**环境因子 environmental factor**　某一特定生物有机体以外的其他独立存在的环境要素，如光、热、水、土壤、坡向、坡度和生物（包括人类）等。

5.19　**生态因子 ecological factor**　环境对生物的生长、发育、生殖、行为和分布有直接或间接影响的环境因子。

5.20　**生境 habitat**　生物的个体、种群或群落生活地域的环境。

5.21　**自然环境 natural environment**　一切直接或间接影响人类生活、生产的各种自然因素的总和。

5.22　**人工环境 artificial environment**　人类在开发利用、干预改造自然环境过程中经过人为加工改造所形成的环境。

5.23　**城市环境 urban environment**　以城市居民为中心，利用和改造环境所创造出来的高度人工化的城市生存环境。

5.24 **环境容量 environmental capacity** 在人类生存和生态系统不受危害的前提下，某一环境所能容纳的某种污染物的最大含量。

5.25 **最小因子定律 law of the minimum** 研究在生物生长发育受限于诸环境因子中数量或强度最低的那个因子的规律。

5.26 **耐受性定律 law of tolerance** 任何一个生态因子数量或质量接近或超过其耐受限度时，将导致其走向衰退或不能生存的定律。

5.27 **生态幅 ecological amplitude** 某种生物适应或耐受环境因子变化的上、下限的范围。

5.28 **生态型 ecotype** 同种生物长期生存在不同的环境条件下，经过变异、遗传及选择，自然、人工选择所形成的具有不同形态、生理的基因型类型。

5.29 **驯化 domestication；a cclimation** 一个生物品种引种至新的环境时，在自然或人工条件下，生物在生理或形态上逐渐发生不可逆调整，以适应环境因子变化的过程。

5.30 **限制因子 limiting factor** 生物的存在和繁殖依赖于各种生态因子的综合作用，其中限制生物生存和繁殖的关键性因子就是限制因子，又称主导因子。

5.31 **净初级生产力 net primary productivity，NPP** 将总初级生产力减去自养呼吸消耗之差，即生产者能用于生长、发育和繁殖的能量值，也是生态系统中其他生物成员生存和繁衍的物质基础。

5.32 **氮沉降 nitrogen deposition** 大气中的含氮物质在降水或气流作用下迁移到地面的过程。

5.33 **指数增长 exponential growth** 当一个量在一个既定的时间周期中，其百分比增长是一个常量时，这个量就显示出指数增长。

5.34 逻辑斯谛增长 logistic growth 在一定条件下，生物种群增长并不是按几何级数无限增长的，即开始增长速度快，随后减速直至停止增长。这种增长曲线大致呈"S"形，这就是逻辑斯谛（Logistic）增长模型。

5.35 环境容纳量 environmental carrying capacity 也称环境承载力，在种群生态学中，环境容纳量是指特定环境所能容许种群数量的最大值。

5.36 R-对策 R-adaptive strategy 也叫 R-选择（R-selection），是指对在环境不稳定和自然灾害经常发生的地方，生物的适应方向趋向于多产、早熟、小形化、世代时间缩短，即物种采取较高的繁殖能力的自然选择。

5.37 K-对策 K-adaptive strategy 也叫 K-选择（K-selection），在一个稳定的栖息场所，物种保持密度平衡的时候，生物的适应方向一般趋向于少产、晚熟、世代时间延长、体躯巨型化等等，即物种采取有利于个体竞争能力增加的自然选择。

5.38 种内关系 intraspecific relationship 同种生物的个体或类群之间的关系，包括种内互助和种内竞争。

5.39 种间关系 interspecific relationship 生物群落中各个种之间所形成的相互关系称为种间关系。最常见的是食物关系，即一种生物以另一种生物为食的关系。

5.40 邻接效应 neighbour effect 在一定空间内，植物种群个体数量或密度的增加，必定出现相邻个体之间的相互抑制的现象。

5.41 密度效应 density effect 一定时间内，当植物种群个体数量增加时，就必定会出现临近个体之间的相互影响，此即密度效应。在生态学上，密度效应多指的是植物种群。

5.42 自疏 self thinning 指同种植物因种群密度过高而引起个

体死亡，从而导致密度减少的过程。

5.43 化感作用 allelopathy 植物体分泌的化学物质对自身或周围其他种群发生影响的现象。

5.44 竞争 competition 同种或不同种的许多个体，对食物和空间等生活的必需资源有共同的要求，因此当需求量超过供应量时所产生的相互作用即称为竞争。

5.45 竞争排斥原理 principle of competitive exclusion 指两个生态习性相近的物种生活在一起时，它们之间会因食物和空间资源有限而产生竞争。其结果必然是一种存活一种死亡；或者是一种退居他处；也可能二者虽共居一处，但其中一种的食性发生改变的现象。

5.46 生态位 niche 又称"生态龛"，是指一个种群在生态系统中，在时间空间上所占据的位置及其与相关种群之间的功能关系与作用，包括物理空间（空间生态位），功能地位（营养生态位，即在能、物流中所处的位置），以及在温湿度、pH 和其他环境因子变化梯度中所占的位置（多维生态位）。

5.47 基础生态位 fundamental niche 一个物种在无别的竞争物种存在时所占有的生态位。

5.48 实际生态位 realized niche 一个物种在有别的物种竞争存在时的生态位。

5.49 营养关系 trophic relationship 自然界中的食物链和食物网是物种和物种之间的营养关系。

5.50 偏利作用 commensalisms 一种种群因另一种群的存在或生命活动而得利，而对第一种种群无影响，这种生存方式称为偏利共生。

5.51 互利共生 mutualism 指两种生物生活在一起，彼此有利，两者分开以后都不能独立生活，这种生存方式称为互利共生。如豆科植物与根瘤菌等。

5.52 **协同进化 coevolution** 两个相互作用的物种在进化过程中发展的相互适应的共同进化现象。

5.53 **寄生 parasitism** 两种生物生活在一起，其中一方受益而另一方受害，后者给前者提供营养物质和居住场所，这种关系称为寄生。

5.54 **植物群落 plant community** 某一空间或区域内按一定规律群居的所有植物种群。

5.55 **物种组成 composition of species** 组成群落各物种的种类，以及群落中各种群的相对数量和比例关系。

5.56 **优势种 dominant species** 群落中占优势的种类，包括每层中在数量、体积以及对生境影响最大的种类。各层的优势种可以不止一个种，即共优。在热带森林里，乔木层的优势种都是由多种植物组成的共优种。

5.57 **建群种 constructive species** 优势种中的最优者，即盖度最大（重量最大），多度也大的植物种。建群种是群落的主要构建者。

5.58 **亚优势种 subdominant species** 是指个体数量与作用都次于优势种，但在决定群落性质和控制群落环境方面仍起着一定作用的植物种。

5.59 **伴生种 companion species** 有些植物虽然在群落中出现，但属于对群落的作用和影响不大的非优势种。伴生种包括除优势种外的一个很大范围，它们在群落中的作用不尽相同。

5.60 **偶见种 rare species** 指群落中出现频率很低的种类，可能是由于环境的改变偶然侵入的种群，或群落中衰退的残遗种群。

5.61 **密度 density** 单位面积内种群的个体数目，是以单位面积内种群个体数（N）与单位面积（S）的比率表示，即：D（密度）$= N/S$。

5.62 **相对密度 relative density** 指某种植物的个体数目占全部植物个体数目的百分比。

5.63 **密度比 density ratio** 某一物种的密度占群落中密度最高的物种密度的百分比。

5.64 **多度 abundance** 种群在群落中个体数目的多少或丰富程度。

5.65 **盖度 coverage** 指一定范围内植物地上部分垂直投影面积与占地面积的百分比，即投影盖度。对于草原群落，常以离地面2.54cm（1英寸）高度的设想断面积计算；对森林群落，则以树木胸高1.3m处的设想断面积计算。

5.66 **频度 frequentness** 描述群落特征的术语。在样方调查中，频度为群落中某种植物出现的样方数占整个样方数的百分比。

5.67 **高度 height** 指植物体从地面到顶端的距离。

5.68 **优势度 dominance** 植物群落学用语。反映各植物种群在群落中作用大小的值。表达方法众多，主要根据密度、盖度、频度、植株高度、生活强度等因素综合，用百分率或分级表示。某一个或几个优势度大的种决定着群落的外貌，优势度最大的植物种即为群落的优势种或建群种。

5.69 **综合优势比 summed dominance ratio，SDR** 是一种综合数量指标。包括2因素、3因素、4因素和5因素等。常用的为2因素的综合优势比（SDR2），即在密度比、盖度比、频度比、高度比和重量比这5项指标中任取两项求其平均值再乘以100%，如SDR2 =（密度比 + 盖度比）/2 × 100%。

5.70 **种间关联 inter-specific association** 指不同种群之间的相关关系。

5.71 **生物多样性 biodiversity** 指一定范围内所有生物体（动物、植物、微生物）的变异性或多样性，这种多样包括动物、植物、微生物的物种多样性，物种的遗传与变异多样性及生态系统的多样性。

5.72 **物种多样性 species diversity** 物种多样性指动物、植物、微生物等生物种类的丰富程度，包括①一定区域内的物种丰富程度，即区域物种多样性；②生态学方面物种分布的均匀程度，即生态多样性或群落物种多样性。

5.73 **捕食 predation** 生物交互作用的一种，通常指一种动物（称捕食者）以另一种动物（称猎物）为食的现象；广义捕食则包括动物以植物为食的现象（植食）以及茅膏菜等少数植物捕捉昆虫将其消化以吸取含氮物质的情况。

5.74 **生活型 life form** 指具有相似外貌和生态适应特征的亲缘关系各异的动物或植物群，即异种生物长期生活于相同环境下趋同适应的结果，在外貌上反映出来的类型。

5.75 **高位芽植物 phanerophytes** 休眠芽位于地面25cm以上的植物。包括乔木、灌木和热带潮湿气候条件下的高大草本、肉质茎植物、附生植物和藤本植物。

5.76 **地上芽植物 chamaephytes** 芽或顶端嫩枝不高出土表20～30cm的植物。

5.77 **地面芽植物 hemicryptophytes** 在冬季植株地上部枯死，芽紧贴地面且常被枯枝落叶层所覆盖的植物。如大多数温带草本植物。

5.78 **隐芽植物 cryptophytes** 芽或嫩枝位于土表以下或水中越冬的植物。包括具有根茎、块茎、块根、鳞茎、球茎的植物以及沼泽植物、水生植物等。

5.79 **群落交错区 ecotone** 两个不同群落交界的区域，又称生态过渡带，该区域中环境条件往往与两群落的核心区域有明显区别。

5. 80 **干扰 disturbance** 一种引起群落的非平衡性特征的行为，会对群落结构的形成与变化产生重大影响。

5. 81 **群落动态 community dynamic** 群落形成、变化、演替及进化的过程。生物群落的动态包括群落的内部动态（包括季节变化与年际间变化）、群落的演替和生物群落的演化。

5. 82 **植物群落波动 plant community fluctuation** 指在短期或周期性的气温或水分变动的影响下，植物群落出现逐年或年际的变化。

5. 83 **群落演替 community succession** 生态系统内的生物群落随着时间推移，一些物种消失，另一些物种侵入，出现生物群落及其环境向着一定方向有顺序地发展变化的过程。

5. 84 **归化植物 alien，naturalized plant** 在某一地区内原无分布，而从另一地区移入的物种，且在本区内正常繁育后代，并大量繁衍成野生状态的植物。

5. 85 **植被型 vegetation type** 植被分类的主要高级单位。由建群种生活型相同或近似，对温度、水分条件生态关系一致的植物群落联合而成，如落叶阔叶林、常绿阔叶林、草原、草甸等。

5. 86 **植被亚型 vegetation subtype** 植被型的辅助单位。在植被型内根据优势层片或指示层片的差异划分亚型。

5. 87 **群丛 association** 植被分类的最基层单位，凡是层片结构相同的优势种或共优种相同的植物群落联合为群丛。

5. 88 **群丛组 association group** 凡层片结构相似的优势层片和次优势层片的优势种或共优种相同的植物群落联合为群丛组。

5. 89 **开敞空间 open space** 指在城市区域内，为了保证环境质量和景观需要，保留的不得用于建筑、道路修建的空旷地段，主体是城市绿地系统。

5.90 人工栽培群落 artificial planted community 通过人类栽培而形成的群落，或受人类活动影响，显著改变了的自然群落。

5.91 残存自然群落 surviving natural communities 指在人类聚集区存在的，没有因人类活动的影响而完全破坏消失的自然群落。

5.92 城市杂草群落 urban weed communities 在城市生态系统中，自然生存的杂草所构成的群落。

5.93 生态系统 ecosystem 指在一定空间中共同栖居着的所有生物（即生物群落）与其环境之间，由于不断地进行物质循环和能量流动过程而形成的统一整体。

5.94 生产者 producer 能利用简单的无机物合成有机物的自养生物，即能够通过光合作用把太阳能转化为化学能，把无机物转化为有机物的生物。草坪生态系统的生产者是草坪植物。

5.95 自养生物 autotroph 指仅以无机化合物为营养进行生活、繁殖的生物。

5.96 消费者 consumer 不能直接利用太阳能生产食物，只能通过直接或间接地以绿色植物为食获得能量的异养生物。主要是指动物。

5.97 异养生物 heterotroph 能将环境中现成的有机物作为能量和碳的来源，摄入后转变成自身的组成物质，并且储存能量的生物。例如，营腐生活和寄生生活的真菌，大多数种类的细菌。

5.98 分解者 decomposer 生态系统中把动植物残体分解成简单无机物的生物。主要是指微生物。

5.99　食物链 food chain　在生态系统中，自养生物、食草动物、食肉动物等不同营养层次的 99 生物，后者依次以前者为食物而形成的单向链状关系，称为食物链。

5.100　捕食食物链 grazing food chain　亦称草牧食物链，起始于植物，经过食草动物，再到食肉动物，这样一条以活的有机体为能量来源的食物链类型，称为捕食食物链。

5.101　碎食性食物链 detrital food chain　指以碎食物为基础形成的食物链。又叫碎屑食物链，由碎屑食性动物与其捕食者和更高捕食者构成的食物链。

5.102　食物网 food web　又称食物链网或食物循环，指生态系统中生物间错综复杂的网状食物关系。

5.103　营养级 trophic level　凡是以相同方式获取相同性质食物的植物类群和动物类群可分别称作一个营养级。在食物网中从生产者植物起到顶部肉食动物止，在食物链上凡属同一级环节上的所有生物种就是一个营养级。

5.104　生态金字塔 ecological pyramid　将各营养级有机体的个体数量、生物量或能量，按营养级位顺序排列并绘制成图，其形似金字塔，故称生态金字塔或生态锥体。

5.105　同化效率 assimilation efficiency　指植物吸收的日光能中被光合作用所固定的能量比例，或被动物摄食的能量中被同化了的能量比例。

5.106　生物量 biomass　指一定时间单位面积内植物实际存活的有机物质总量。一般以干重或鲜重表示。

5.107　生产量 production　是指在一定时间或阶段内，生态系统或某个种群所生产的有机体的定量。可以用数量、生物量或能量表示。

5.108　凋落物 litter　掉落在地表面上的死亡和未分解的植物枯枝落叶。

5.109 **生物地球化学循环 biogeochemical cycle** 化学元素在土壤、大气、水域、风化壳和生物圈中的迁移与转化的循环往复的过程。

5.110 **生态平衡 ecological balance** 在一定的时期内，生态系统中的生物种类与数量相对稳定，它们之间及其与其环境之间的能量流动、物质循环和信息传递也保持稳定，并达到高度适应、统一协调的状态，这种平衡状态就称生态平衡。

5.111 **景观 landscape** 是指一个空间异质性的区域，由相互作用的拼块或生态系统组成，以相似的形式重复出现。

5.112 **生态系统多样性 ecosystem diversity** 生态系统组成、功能的多样性以及各种生态过程的多样性，包括生境多样性、生物群落多样性和生态过程的多样性等多个方面。

5.113 **景观多样性 landscape diversity** 不同类型的景观在空间结构、功能机制和时间动态方面的多样化和变异性。

5.114 **空间异质性 spatial heterogeneity** 指景观系统的空间复杂性和变异性。

5.115 **天气 weather** 某地区各气象要素在某一短期内的综合。

5.116 **气候 climate** 某地区各气象要素长期的特征，即其平均状况和变异程度。

5.117 **季风气候 monsoon climate** 一年中风向和降水发生明显的季节变化的气候类型。在冬季和夏季盛行风向变化夹角达 120°以上。夏季受海洋气流的影响，高温多雨；冬季受大陆气流的影响，低温干燥。

5.118 **季节 season** 一年中气候有明显差异的几个不同阶段。一般划分为春、夏、秋、冬四季。在四季不明显的地区，则划分成二季或三季，如干季、雨季、凉季等。

5.119 **纬度 latitude** 是指某点与地球球心的连线和地球赤道面

所成的线面角，其数值在 0°~90°之间。

5.120 **经度 longitude** 地球上一个地点离一根被称为本初子午线的南北方向走线以东或以西的度数。

5.121 **大气透明度 atmospheric transparency** 指电磁辐射透过大气的程度，以透过光通量与入射光通量的比值表示，为大气透过可见光性能优劣的参数。

5.122 **地形 topographty** 地貌和地物的总称。即地表面高低起伏的状态和分布在地表面的固定性物体。

5.123 **海拔 altitude** 又称海拔高度。指某地高出平均海平面的垂直高度，是反映地势高低的主要指标。

5.124 **赤道带 equatorial zone** 范围大致为南北纬10°之间的地域。日平均气温≥10℃的年积温>10 000℃。在北半球又称南热带。

5.125 **热带 tropical zone** 位于赤道两侧赤道带至回归线之间的地带。在北半球位于北纬10°~23°26′，≥10℃的年积温在7 500~10 000℃，具有强烈的阳光照射，气候炎热。

5.126 **亚热带 subtropical zone** 又称副热带。指温带与热带之间的过渡地带，我国大致在23.5°N~34°N，即热带北界至秦岭淮河以南地区。≥10℃的年积温在4 380~7 500℃，气候特点是夏季与热带相似，但冬季明显比热带冷。

5.127 **温带 temperate zone** 即天文上的地球中纬地带。南北半球各自的回归线和极圈之间的地带。不能受到太阳直射，也不会出现极昼极夜现象，阳光终年斜射的地带。

5.128 **暖温带 warm temperate zone** 位于温带的南部，一般指年平均气温介于13~20℃的地区。我国暖温带南界大致为白龙江、秦岭、淮河一线，北界基本在40°N附近，即长城以南的黄淮海平原地区。

5.129 **中温带 middle temperate zone** 中温带在我国指暖温带

以北到黑龙江 50°N 以南，内蒙古、甘肃北部及新疆的北疆大部分地区。其年均气温约 10℃。

5.130　**寒温带 cool temperate zone**　也称北温带。指年均气温低于 0℃，最热月平均气温高于 10℃ 的地区。我国仅大兴安岭北部为寒温带，主要分布在黑龙江及内蒙古等地的北部。

5.131　**物候现象 phenological phenomenon**　又称物候。是动植物生命活动的季节性现象。

5.132　**焚风效应 burn wind effect**　指在高山地区气流翻过山岭后，在背风坡向下吹的风会变得又干又热的现象。

5.133　**山谷风 mountain and valley breezes**　指在山区天气晴朗时，受地形和太阳辐射日变化影响而形成的以一日为周期、昼夜风向显著变化的地方性风系。白昼风从山谷吹向山坡，夜间风从山坡吹向山谷。山风和谷风总称为山谷风。

5.134　**光照 beam**　太阳光照射是草坪草光合作用、光周期反应及生命活动的基本环境条件，通常从光照长度、光照强度和光谱组成三方面影响草坪草的生长发育活动。

5.135　**太阳辐射 solar radiation**　太阳向周围空间放射出的电磁波能量。射向地球的太阳辐射是地球大气运动的主要能量来源。将垂直于阳光的单位面积，在单位时间内所接收的太阳辐射能量值，称为太阳直接辐射。

5.136　**太阳常数 solar constant**　在日地平均距离处，地球大气外界垂直于太阳光束方向上接收到的太阳辐照度，即在单位时间内，投射到单位面积上的辐射能，称为太阳常数。

5.137　**太阳光谱 solar spectrum**　太阳辐射经色散分光后按波长大小排列的连续谱。太阳光谱包括无线电波、红外线、可见光、紫外线、X 射线、γ 射线等几个波谱范围。

5.138 **光合有效辐射 photosynthetically active radiation，PAR**
太阳辐射中能被绿色植物吸收并参与光化学反应的能量
称为光合有效辐射。

5.139 **灭生性辐射 lethal radiation** 波长小于 290nm 的短紫外
线辐射。这部分辐射对大多数有机体具有杀伤作用，大
多数高等植物或真菌在其照射下几乎立即死亡，故小于
290nm 的紫外辐射称为灭生性辐射。

5.140 **热辐射 thermal radiation** 物体由于自身的温度而以电磁
辐射的形式向外发射能量的过程称为热辐射，是热传递
的一种方式。

5.141 **辐射平衡 radiation balance** 在辐射交换过程中，一个物
体或系统吸收与放出辐射能量收支相等时的状况称为辐
射平衡。辐射能量收入和支出的差值称为辐射平衡值，
也称净辐射。

5.142 **下垫面 underlying surface** 指与大气下层直接接触，能
与大气进行辐射、热量、水汽等交换的地球表面，包括
地球的水陆表面。

5.143 **红外线 infrared ray** 光谱中波长自 $0.76 \sim 400 \mu m$ 的辐射
称为红外线，是不可见光线。所有高于绝对零度
（ $-273.15℃$ ）的物质都可以产生红外线。

5.144 **紫外线 ultraviolet radiation** 电磁波谱中波长从 $0.01 \sim$
$0.40 \mu m$ 辐射的总称。

5.145 **喜光植物 photophilous plant** 又称阳地植物。指在阳光
比较充分的环境中才能生长正常或生长良好，而在阴蔽
环境中生长不正常，甚至死亡的植物。大部分草坪草都
是喜光植物。

5.146 **喜光种子 light requiring seed** 又称需光种子。即发芽时

需要一定光量的植物种子，在光照条件下可缩短或解除休眠。

5.147 耐阴性 shade tolerance 植物对光照不足具有一定的适应能力。

5.148 光照长度 light duration 在空旷的平地上能够接收到太阳辐射（包括直接辐射和散射辐射）的时间间隔称为日照长度，即白天的长短。

5.149 光合强度 photosynthetic intensity 又称光合速率，指单位时间内单位叶面积光合作用吸收二氧化碳或释放氧气的量，一般以 $mg\ CO_2 \cdot dm^{-2} \cdot h^{-1}$ 表示。

5.150 阴性植物 sciophyte 适应生长于较弱光照环境中，不能耐受高强度光照的植物。

5.151 阳性植物 heliophyte 适应生长于较强光照环境中，不能耐受荫蔽的植物。

5.152 耐阴植物 shade plant 对光照适应能力强，在全日照下生长最好，但也能忍受适度荫蔽的植物。

5.153 黄化现象 etiolation phenomenon 植物因光照不足或缺乏某些条件而影响叶绿素的形成，导致植物体发黄的现象。

5.154 反射率 reflectivity 投射到草坪表面的辐射中被其反射的辐射能与投射的总辐射能之比。

5.155 直射光 direct light 太阳直接照射到草坪上的光。

5.156 散射光 scattered light 由于光传播介质不均匀而使直线光传播方向发生改变的光。

5.157 光谱 spectrum 复色光经过色散系统（如棱镜、光栅）分成单色光后按波长（或频率）大小而依次排列的图谱。

5.158 光照强度 light intensity 又称照度。指单位时间内投射到单位面积草坪上的所有波长的光能量。

5.159 **日照长度 duration of day** 太阳不受云雾遮盖而直接照射到草坪上的持续时间。

5.160 **波长 wavelength** 沿波的传播方向，质点振动方向一致的相邻质点间的距离。

5.161 **光补偿点 light compensation point** 草坪草的光合速率通常随光强的增强而提高，但当达到某一光强时，光合速率将等于呼吸速率，此时的光强被称为光补偿点。

5.162 **光饱和点 light saturation point** 草坪草的光合速率通常随光强的增强而提高，但当达到某一光强时，光合速率将达到最大值，此时的光强被称为光饱和点。

5.163 **气温 air temperature** 即大气的温度，指气象观测中规定高度（国内为 1.5m）的百叶箱内的空气温度。

5.164 **土温 soil temperature** 指草坪土壤中的温度。

5.165 **积温 accumulated temperature** 草坪草某生育阶段内逐日平均气温的总和，以（度·日）为单位。

5.166 **活动积温 active accumulated temperature** 每种草坪都有其生育的下限温度，高于下限温度的积温称为活动积温。

5.167 **有效积温 effective accumulated temperature** 活动温度与生物学下限温度之差称有效温度，而有效温度的总和为有效积温。

5.168 **负积温 negative accumulated temperature** 某一时段内零度以下日平均温度的总和称为负积温，用于表示地区冬季的寒冷程度。

5.169 **地积温 soil accumulated temperature** 某一时段内，一定土壤深度中日平均温度之和。

5.170 **温度的三基点 three fundamental points of temperature** 草坪植物生命活动过程的最适温度、最低温度和最高温度的总称。

5.171 最低温度 minimum temperature 维持草坪植物生命活动的最低温度。

5.172 最适温度 optimum temperature 草坪植物生长发育最迅速时的温度。

5.173 最高温度 maximum temperature 草坪植物维持生命活动的最高温度。

5.174 最低致死温度 minimum fatal temperature 导致草坪植物死亡的最低温度。

5.175 最高致死温度 maximum fatal temperature 导致草坪植物死亡的最高温度。

5.176 年平均温度 mean annual temperature 全年日平均气温累加后的平均值。

5.177 最热月平均温度 mean temperature of hottest month 全年最热月的日平均气温累加后的平均值。我国利用7月的平均温度代表最热月平均温度。

5.178 最冷月平均温度 mean temperature of coldest month 全年最冷月的日平均气温累加后的平均值。我国利用1月的平均温度代表最冷月平均温度。

5.179 辐射逆温 radiation inversion 夜晚由于地面强烈辐射，近地气层冷却，而形成从地面开始向上气温递增的现象。

5.180 耐热性 thermotolerance 草坪植物对高温胁迫的忍耐能力。

5.181 耐寒性 cold resistance 草坪植物对低温胁迫的忍耐能力。

5.182 温周期 thermoperiod 自然条件下，昼夜和季节性温度的周期性变化。

5.183 温周期现象 thermoperiodism 自然条件下，草坪植物适应温度的昼夜和季节性周期变化的现象。

5.184 **昼夜温差 day-night temperature difference** 白昼温度与夜晚温度的差值。

5.185 **高温促进率 facilitation rate of high temperature in earing time** 提高温度促进草坪植物抽穗、开花的速度比率。

5.186 **夏枯现象 summer wither phenomenon** 夏季高温胁迫导致冷季型草坪草生长受到抑制甚至枯萎死亡的现象。

5.187 **绿色期 green period** 指草坪草从返青开始,直到全株枯黄为止的时期。

5.188 **热容量 thermal capacity** 单位体积的材料温度升高或降低1℃所吸收或放出的热量。

5.189 **冷害 chilling injury** 又称寒害。指在冰点以上的低温对暖季型草坪草的危害。

5.190 **寒潮 cold wave** 冷空气大规模向中、低纬度侵袭引起大范围气温下降的天气过程。我国寒潮的标准为:当冷空气入侵后,使大范围地区的地面温度在24小时内下降10℃以上,最低气温达到5℃以下者叫寒潮。

5.191 **霜害 frost injury** 草坪草在生长期时,当草坪表面温度突然下降到冰点而结霜所引起的伤害,一般发生在春秋两季。

5.192 **冻举 frost heaving** 又称冻拔,当温度低于0℃时,由于土壤冻结膨胀将草坪根颈部抬起,但解冻后土壤虽然复原而植物却不能复位的机械伤害。

5.193 **生理干旱 physiological drought** 土壤水分虽多,但由于土壤溶液的水势过低,受土壤缺氧、土温过低或过高等不利因素的影响,使草坪草根系吸水发生障碍,体内水分不平衡而造成的伤害。

5.194 **日灼 sunscald** 又称灼伤。由于太阳辐射过强造成对草坪植物的伤害。

5.195 **空气湿度 air humidity** 表示大气干湿程度的物理量，简称湿度。通常用水汽压、绝对湿度、相对湿度等表示。

5.196 **土壤湿度 soil humidity** 又称土壤含水量、土壤含水率等。土壤的干湿程度，以土样含水量与绝对干土质量的百分率表示。如以土壤水分的容积占土壤总体积的百分数表示，则称为土壤的容积湿度。

5.197 **墒 moisture in the soil** 我国北方对旱地土壤水分的称呼，即指草坪中的土壤水分状况。

5.198 **束缚水 bound water** 又称结合水。被土壤胶粒吸附所束缚不易自由流动的水分。

5.199 **自由水 free water** 又称游离水。距离土壤胶粒较远而可以自由流动的水分。自由水与束缚水的比值较高时，草坪植物代谢活跃，生长较快；反之，代谢弱，生长缓慢。

5.200 **蒸腾 transpiration** 指草坪草体内水分从植株表面以气态水的形式向外界大气输送的过程。

5.201 **土壤—植物—大气连续体 soil-plant-atmosphere continuum，SPAC** 指根毛吸收土壤水分，经过茎运输到叶，再经叶蒸腾到大气中这样一个途径，该途径是统一物理过程的连续体系，故称土壤—植物—大气连续体系。

5.202 **蒸发 evaporation** 指水分自土壤表面由液态变成气态散失到大气中的现象。

5.203 **蒸散 evapotranspiration** 又称蒸发蒸腾。包括土壤蒸发和植物蒸腾的总耗水量，也简称蒸散量。

5.204 **蒸腾系数 transpiration coefficient** 又称需水量。指草坪草每形成1g干物质所需蒸腾的水分克数，其倒数称蒸腾效率。蒸腾系数越大，利用水分的效率越低。

5.205 **蒸腾效率 transpiration efficiency** 草坪植物在一定的生

长期内所积累的干物质量与其蒸腾失水量的比率,即草坪植物每消耗 1kg 水所形成干物质的克数。为蒸腾系数的倒数。

5. 206　**生理需水 physiological water requirement**　直接用于草坪草生理活动,维持体内水分平衡所需的水分。需水量随着草坪植物种类及发育阶段不同而变化。

5. 207　**生态需水 ecological water requirement**　为草坪草构建适宜的生态环境所需要的水分。除生理需水外,维持良好的土壤条件和小气候环境,对草坪草发育产生间接影响也需要一定的水分。

5. 208　**需水临界期 critical period of water requirement**　草坪草对缺水最敏感的时期。需水临界期随草坪草种类、品种的不同而异。其主要需水临界期出现在生殖生长时期。在草坪种子生产中,从分蘖末期到抽穗期为第一需水临界期,灌浆到乳熟末期为第二需水临界期,这些时期缺水对产量影响最大。

5. 209　**耐旱性 dry resistance**　草坪植物在水分亏缺条件下保持存活、生长的能力,在种子生产中还包括形成产量的能力。

5. 210　**耐淹性 water logging resistance**　又称耐涝性。在土壤含水量超过田间持水量情况下,草坪草维持生长、生存的能力。

5. 211　**降水 precipitation**　大气中的水分以液态或固态的形式降落到地面的现象,包括雨、雪、雹、冻雨等形式。此外,雾也能产生少量降水。

5. 212　**降水量 precipitation**　指大气中的水分以液态或固态的形式降落到地面,未经蒸发、渗透和流失,积聚在水平面上的水层厚度。单位为 mm。

5.213 **降水强度 precipitation intensity** 单位时间内的降水量。单位为 mm/h。

5.214 **积雪 retention of snow** 雪在地面所覆盖的面积达到某地周围能见面积的一半以上者，称为积雪。

5.215 **雪 snow** 指水或冰在空中凝结后再降落的自然现象。

5.216 **雹 hail** 指落向地面直径为 5~100mm 的冰球或冰块。

5.217 **凝 condensation** 指气体或液体遇冷而凝结，如水蒸气遇冷变成水，水遇冷变成冰。

5.218 **露水 dew** 由于温度降低，空气含水汽的能力减小，大气低层的水汽就附在草上、树叶上并凝成细小的水珠的现象。

5.219 **霜 frost** 气态水在温度很低时的一种凝华现象，类似雪的形成。

5.220 **下渗 infiltration** 又称入渗或渗入。指水从土表进入土壤内的运动过程。单位时间内的入渗量为入渗率，以 mm/min 表示。

5.221 **水分平衡 water balance** 在一段时间内，一定面积和厚度的土体中当含水量的变化等于其来水项与去水项之差时称土壤水分平衡，正值表示土壤贮水增加，负值表示减少。吸水量与蒸腾失水量保持动态平衡的状态则称为草坪植物水分平衡。

5.222 **地下灌溉 subirrigation** 又称渗灌，包括暗管灌溉和潜水灌溉。灌溉水借地下管道的接缝或管壁孔隙渗入土壤，称暗管灌溉；潜水灌溉则通过抬高地下水位，使地下水由毛管作用上升到草坪草根系层。

5.223 **水分短缺 water shortage** 某时段内由于蒸发量和降水量的收支不平衡，水分支出大于水分收入而造成环境的水分亏缺现象。草坪草水分亏缺，是其生长发育中最大的限制因子。

5.224 **抗蒸腾剂 transpiration depressor** 在草坪植物正常生长前提下，能够降低植物蒸腾速率的物质，通常分为薄膜型抗蒸腾剂、代谢型抗蒸腾剂和反射型抗蒸腾剂3类。

5.225 **淋洗 leaching** 溶解于土壤溶液中的无机或有机物质向土壤深层或地下水中下移的过程。

5.226 **地表径流 run off** 降水后，一部分蒸发成水蒸气返回大气，一部分下渗到土壤成为地下水，其余的水则形成地表漫流，称为地表径流。

5.227 **陆生植物 terrestrial plant** 生长在陆地上的植物总称，包括湿生、中生、旱生3类。

5.228 **湿生植物 hydrophytes** 生长于潮湿环境，不能忍受较长时间干旱的陆生植物。

5.229 **中生植物 mesophytes** 生长于水湿条件适中的陆生植物。

5.230 **旱生植物 xerophytes** 在持续干旱下仍能维持水分平衡和正常生长发育的陆生植物。

六、草坪草育种

6.1 非生物胁迫 abiotic stresses 指由于气候、土壤等外在环境的状况和变化对草坪植物生长和发育造成明显影响的现象。

6.2 农杆菌介导的转基因 agrobacterium tumefaciens- mediated gene transfer 将目的基因插入经过改造的 T-DNA（转移DNA），借助农杆菌的感染，即可实现外源基因向植物细胞的转移和整合，然后通过细胞的组织培养，获得转基因植株。农杆菌介导的转基因系统既简单又无须昂贵的设备，所以是目前应用最为广泛的转基因技术。

6.3 异源多倍体 allopolyploids 染色体来源于不同物种的多倍体。一般异源多倍体是两个不同种的生物杂交后，再经染色体加倍而形成。

6.4 双二倍体 amphidiploids 由远缘杂交产生的杂种 F_1 经染色体加倍处理后所获得的个体统称，它结合了来自双亲的成对染色体，因杂交亲本的倍性不同可产生四倍体、六倍体、八倍体或十倍体，而严格意义上的双二倍体仅指异缘四倍体。

6.5 扩增片段长度多态性 amplified fragment length polymorphism, AFLP 该技术是对限制性酶切片段的选择性扩增，又称之为基于 PCR 的 RFLP。其多态性强，一次可检测出 $100 \sim 150$ 个扩增产物，因而非常适合绘制品种指纹图谱及进行分类研究。该标记具有共显性，DNA 用量少，分辨率很高。然而，其成本较高。

6.6 **无融合生殖 apomixis** 指植物不经过雌雄配子融合而产生种子的生殖方式，可分为减数胚囊中的无融合生殖、未减数胚囊中的无融合生殖以及不定胚生殖 3 种类型。

6.7 **回避策略 avoidance strategy** 指植物在逆境胁迫下的一种适应能力，如遇到干旱时叶片卷曲，遇到低温时增加地下茎的生长，或遇到酸铝胁迫时大量分泌以中和铝离子等，以保证其在逆境下仍然能够完成其生长发育。

6.8 **回交方法 back-cross method** 指将两个亲本杂交后所得杂种第一代再与其中的一个亲本进行杂交，一般要回交数次，才能达到育种目标。用于回交的亲本称为轮回亲本，不做回交的亲本，称为非轮回亲本。

6.9 **带型 banding patterns** 指蛋白质或 DNA 片段在电场影响下，在离子缓冲液存在条件下支持介质（聚丙烯酰胺凝胶或琼脂糖凝胶）上的移动特点，通过染色将其移动方式显现出来。

6.10 **生物工程 biotechnology** 又称生物技术。按照预先的设计、研究、改造和利用生物活体的一些生物功能，常分为发酵工程、遗传工程、细胞工程和酶工程。

6.11 **生物胁迫 biotic stresses** 指由于草坪自身生活力较弱而导致外界生物对草坪生长发育所造成的明显影响，如病害、虫害以及杂草等。目前多采用杀菌剂、杀虫剂以及除草剂等缓解这种胁迫。但最根本的预防办法是保持草坪的健康生长。

6.12 **育种 breeding** 培育动植物新品种和新的杂交种的过程。育种工作首先要对现有品种资源广泛进行研究并加以利用，同时，还需要通过引种、系统选育、杂交以及其他各种新技术，不断创造出新的类型，经品比试验、区域试验，繁殖并推广应用到生产中去。

6.13 芽变 bud mutation 由自发突变的分生组织细胞长成的芽或枝条。芽变是园艺植物或无性繁殖植物的重要变异来源,但必须通过无性繁殖才能繁育成新品种。

6.14 集团育种 bulk breeding 育种的方法之一。在一个集团样区内种植遗传性不同的未经混合选择或已经过混合选择的自花授粉植物的群体,然后再在这种群体中进行单株选择。

6.15 染色体数 chromosome numbers 各种生物细胞内的染色体数目都是相对稳定的,这是一个重要的生物学特征。不同生物,染色体数目相差很大,少的只有一对,多的可达数百对。

6.16 染色体配对 chromosome pairing 是减数分裂中的重要事件,是指在减数分裂期同源染色体预选择和 DNA 精准配对,然后发生同源重组。

6.17 闭花受精 cleistogamy 指成熟花朵在不开放的条件下完成花粉在雌蕊上的萌发、生长乃至雌雄配子的最终融合过程。

6.18 植物命名法规 code of botanical nomenclature 是专门处理化石或非化石植物命名的法规,由国际植物学会议制定。最近几十年来,国际植物学会议每六年举办一次,每次都会对国际植物命名法规进行修订,推出新版的法规。最新的法规指"圣路易斯法规",具体包括导言、原则、规则和辅则、分类群及其等级、名称的地位、模式指定和优先权、地位的定义以及各等级分类群的命名。

6.19 复合多倍体 complex polyploids 一般指同源异源多倍体,即体细胞中有不同的染色体组,且至少有一类染色体组的数目在 3 个或是 3 个以上的变异类型。

6.20 杂交亲和性 cross-compatibility 指同一种植物不同品种

或同属不同种植物杂交后代的表现，如果杂交后代能够正常完成生长发育过程，就说明其亲本杂交亲和性高，如果不能正常完成生长发育过程，甚至不能获得杂交后代，就说明其亲本亲和性低。

6.21 异花受精 cross-fertilization 指来源于不同个体的雌配子与雄配子的结合。是与自花受精相对而言。一般以这种形式繁殖的植物称为异花受精植物。

6.22 异花授粉 cross-pollination 有的植物雄蕊和雌蕊不长在同一朵花里，甚至不长在同一棵植物上，这些花就无法自花授粉了，它们的雌蕊只能得到另一朵花的花粉，这叫作异花授粉。异花授粉是植物界很普遍的授粉方式。禾本科主要通过风加以传粉。

6.23 品种审定 cultivars certification 草坪草品种必须通过品比试验、区域试验以及生产试验，如果表现明显优于对照，并经过农业部草品种审定委员会审定，才能成为一个品种。

6.24 细胞遗传学 cytogenetics 是根据染色体遗传学说发展起来的一门属于细胞学和遗传学之间的边缘科学，对遗传和变异机理的阐明、动植物育种理论的建立以及生物进化学说的发展都有重要意义。

6.25 细胞学 cytology 研究细胞结构和功能的生物学分支学科。细胞是组成有机体的形态和功能的基本单位，自身又是由许多部分构成的。有机体的生理功能和一切生命现象都是以细胞为基础表达的。细胞学是生物学的基础学科。

6.26 细胞分类学 cytotaxomy 以染色体数目、形态、行为即核型为生物分类的特征，并进而研究核型进化和生物系统进化的分类学分支。细胞分类学中应用最广泛的是常规核型分析，其次是分带核型分析。

6.27 **脱氧核糖核酸 deoxyribose nucleic acid，DNA**　DNA 是一种长链聚合物，组成单位称为核苷酸，而糖类与磷酸分子通过酯键相连，组成其长链骨架。每个糖分子都与四种碱基里的其中一种相接，这些碱基沿着 DNA 长链所排列而成的序列，可组成遗传密码，是蛋白质氨基酸序列合成的依据。

6.28 **基因直接导入 direct gene transfer**　将特殊处理的外源目的基因、通过化学法或物理法直接导入植物细胞的过程。化学法有 PEG 法和脂质体法，物理法有电击法、超声波法、激光微束法、微针经射法和基因枪法。

6.29 **定向选择 directional selection**　通过定向的连续选择，使得某种目标性状得到增强或削弱。定向选择由于有利基因的积累和基因的累加作用而具有创造新变异的作用。

6.30 **DNA 指纹图谱 DNA amplification fingerprinting**　通过分子标记获得的植物的种或品种的带型，其中每种植物种或品种均有不同于其他种或品种的特异带，这样的带型称为该种植物或该品种的 DNA 指纹图谱。

6.31 **单倍体加倍 doubled haploids**　采用秋水仙素处理等方法，将经植物组织培养诱导产生的单倍体植株的染色体组加倍，从而使植株恢复正常染色体数的过程。

6.32 **凝胶电泳 electrophoresis gels**　指蛋白质或 DNA 片段在电场影响下在离子缓冲液存在条件下支持介质（聚丙烯酰胺凝胶或琼脂糖凝胶）上的移动，并通过染色将其移动方式显现出来。

6.33 **电穿孔 electroporation**　通过电极放出的电脉冲刺激植物细胞进行转化的方法。其基本原理是：在电击后，细胞膜上形成一些可逆的"微孔"，这些微孔直径约 30nm，一般需要维持数分钟才能恢复，DNA、RNA 以及其他一些大分子可以借机通过细胞膜上的微孔进入细胞。

6.34 耐旱策略 endurance strategy，drought 指植物应对干旱胁迫的一些方法，如增加根系深度和密度以增加水分吸收，或加厚叶片蜡质层、增加叶毛等以减少叶片水分蒸发，或通过体内渗透调节物质增加以保持水分等方式，以达到在干旱胁迫下正常完成生长发育的目的。

6.35 表达序列标签技术 expressed sequence tags，ESTs 指一种快速建立基因表达信息库的方法，即同时建立全植株、不同组织器官、不同发育阶段的、不同环境条件下的高质量的 cDNA 文库，然后进行 cDNA 的分离和部分测序，这些部分测序的 cDNA 称为表达序列标签。

6.36 兼性无融合生殖 facultative apomict 指植物既可进行无融合生殖，又可通过胚囊中卵细胞受精而进行有性生殖，已发现多种植物具兼性无融合生殖，如早熟禾属和狼尾草属中的一些种类。

6.37 流式细胞仪 flow cytometry 流式细胞仪是对细胞进行自动分析和分选的装置。它可以快速测量、存贮、显示悬浮在液体中的分散细胞的总核酸量、总蛋白量等指标。根据这些指标，可间接地计算出植物的染色体倍性等指标。

6.38 基因逃逸 gene escape 指的是一种生物的目标基因向附近野生近缘种的自发转移，导致附近野生近缘种发生内在的基因变化，具有目标基因的一些优势特征，形成新的物种，以致整个生态环境发生结构性的变化。转基因作物与其近缘野生种间的基因漂移是目前生物学界最为关注的基因漂移事件。

6.39 基因组作图 gene mapping 基因在染色体上各有一定的位置。基因组作图就是将基因位置标在染色体上。确定基因的位置主要是确定基因之间的距离和顺序，而它们之间的距离是用交换值来表示的。因此，只要准确地估计出交换值，并确定基因在染色体上的位置，就可以将基因标在染色体上绘制成图。两点测验和三点测验是基因组作图所采用的主要方法，而利用 DNA 分子标记技术构建分子遗传连锁图谱，是植物基因组作图的一个重要发展方向。

6.40 **基因文库 gene library** 包含某生物的全部基因的克隆总体。用重组体脱氧核糖核酸技术将某种生物细胞的总脱氧核糖核酸的所有片段随机连到基因载体上，然后转移到适当的宿主细胞中，通过细胞增殖而构成各个片断的克隆，在克隆数多到足以把某种生物的全部基因都包含在内时，即建立了某生物的基因文库。

6.41 **基因表达 gene express** 由基因决定的性状得到表达的现象。即某段 DNA 转录成 RNA 的过程。

6.42 **遗传学 genetics** 是研究各种生物的遗传信息传递及遗传信息如何决定各种生物学性状发育的科学。其中，遗传和变异是遗传学研究的核心。生物有遗传特性，才能繁衍后代，保持物种的相对稳定性；生物有变异特性，才能使物种不断发展和进化。

6.43 **遗传学分析 genetic analysis** 指对植物重要性状的遗传规律、基因定位以及分子标记等进行分析统称为遗传学分析。

6.44 **遗传多样性 genetic diversity** 存在于同种植物不同种源间的遗传变异称为遗传多样性。可通过形态特征、细胞学特性、生化指标以及分子水平对植物遗传多样性进行研究。

6.45 **遗传流失 genetic erosion** 由于自然原因或人为干扰，造成生物生境的破坏，进而造成生物资源种类或种源的消失，称为遗传流失。

6.46 **遗传标记 genetic markers** 遗传标记是指在遗传分析上用

作标记的指标，遗传标记包括形态学指标、细胞学标记、生物化学标记、免疫学标记以及分子标记五种类型。

6.47 **基因冗余 genetic redundancy** 指生物一条染色体上出现一个基因的很多复本的现象。

6.48 **遗传资源 genetic resources** 又称为种质资源。一切具有一定种质或基因并能繁殖的生物类型的总称，包括品种、类型以及近缘种和野生种的植株、种子、花粉甚至单个细胞等均可称为遗传资源。

6.49 **遗传转化 genetic transformation** 通过基因枪法、农杆菌介导法或花粉管通道法等方法将外源基因转到目标植物中，并在其中成功表达的技术。该技术不仅对草坪草改良周期短，目标性强，而且可实现常规改良方法无法达到的改良目标，如抗除草剂性状的改良等。

6.50 **遗传脆弱性 genetic vulnerability** 作物遗传脆弱性是由于作物本身的遗传构成或在生物胁迫（病虫害）和非生物胁迫下，由某些等位基因引起的大范围的潜在性产量损失。

6.51 **基因组大小 genome size** 基因组指生物物种所包含的整套遗传信息的总和，包括基因编码序列和非编码序列，基因组大小指高基因组单倍体核基因组的 DNA 含量，通常称为 C 值，在一个物种中，C 值相当稳定，是物种的一个具有特征性的数值。

6.52 **基因组原位杂交 genomic *insitu* hybridization，GISH** 利用全基因组 DNA 为探针的原位杂交方法称为基因组原位杂交，最早被用来检测人—鼠体细胞杂种中的小鼠染色体。Schwarzacher 等成功地将该技术应用于植物远缘杂交的研究中。此后，GISH 被广泛地应用于生物不同遗传背景中外源染色质的结构、空间组成、减数分裂行为、异源多倍体进化、染色体作图等方面的研究。

6.53 **种质交换 germplasm exchange** 由于植物资源在全球分布并不均匀，为了充分利用自然界所提供的种质资源，满足植物学家对植物资源研究的需求，不同国家地区之间植物学家经常开展资源互换，以保证研究工作的顺利进行。当然，国家保护物种不可以自由交换。

6.54 **温室杂交技术 greenhouse crossing technique** 由于部分植物花期经常和雨季相遇，或者由于花序过小，或育种材料非常珍贵，可将育种材料种在温室中，并开展杂交，以确保杂交的效果。

6.55 **杂交 intercrossing** 种群选配方式之一。选择不同种群的个体进行选配。杂交可动摇原种群的遗传保守性，使杂种的遗传结构更丰富，具有更大的可塑性，更能满足多方面的需求。

6.56 **种间杂交 interspecific hybridization** 指同属不同种间植物之间的杂交。种间杂交是新种形成的重要途径。草坪草中狗牙根和非洲狗牙根的杂交，以及粗叶型结缕草和细叶型结缕草之间的杂交等均为种间杂交。

6.57 **导入 introgression** 通过杂交、回交或遗传转化方式将外源基因转入目标植物的过程，以使目标植物拥有外源基因的特征特性。

6.58 **离体繁殖 *in vitro* propagation** 主要指植物离体器官在人工控制的条件下生长发育，从而再生出完整植株的技术。

6.59 **电离辐射 ionizing radiation** 带电粒子或光子通过物质时由于电离作用而产生离子队的效应。当带电粒子从原子附近通过时，带电粒子和轨道电子间发生静电作用，某一轨道电子可能会获得足够能量变成自由电子而逸出原子，这个过程称为电离。

6.60 **等电聚焦 isoelectric focusing** 是将两性电解质加入盛有

pH 梯度缓冲液的电泳槽中，当其处在低于其本身等电点的环境中则带正电荷，向负极移动；若其处在高于其本身等电点的环境中，则带负电向正极移动。当泳动到其自身特有的等电点时，其净电荷为零，泳动速度下降到零，具有不同等电点的物质最后聚焦在各自等电点位置，形成一个个清晰的区带，分辨率极高。

6.61 同功酶变异 isozyme 植物常常产生酶蛋白质结构或组成的多种分子形式，即催化同一种化学反应的不同分子形式，如果一种同功酶受到抑制或破坏，另一种同功酶可以保证代谢的正常进行，因此，当环境或代谢发生变化时，同功酶的存在为植物提供了适应的可能。

6.62 地方品种 local cultivar 在当地栽培或饲养下，经人们长期选择和培育的生物品种，由于经历长期的选育，所以对本地区的环境条件适应性很强。

6.63 染色体核型 karyotype 每一种生物的染色体大小及其形态特征都是特异的，即具有不同长度、着丝粒位置、臂比、次缢痕、随体等特征。

6.64 雄性不育 male sterility 由于植株不能产生正常的花药、花粉或雄配子，而导致植物不育称为雄性不育。雄性不育是植物界中较为常见的生物学特征，雄性不育的自发产生是由于细胞核基因或细胞质基因或它们两者的突变引起的。雄性不育性具有重要的育种价值。

6.65 标记辅助选择 marker-assisted selection，MAS 通过与目标基因连锁的易于识别的标记，对目标性状进行相关选择。由于分子标记能够标记的目标性状非常多而成为标记辅助选择的首选之一。分子标记辅助选择具有许多优越性，它既不需要考虑植物生长条件和环境条件，又减少了同一位点不同等位基因或不同位点的非等位基因的互作干扰，这将对通过传统育种方法很难或无法选择的性状做出选择，有利于累积目标基因、加速回交育种进程、克服不利性状连锁、达到既省时省钱又提高育种效率的目的，同时，由于目标明确，减少了群体种植规模。

6.66 **系统选育 methodical selection** 对现有品种群体中出现的自然变异进行性状鉴定、选择并通过品比试验、区域试验，以及生产试验培育草坪草新品种的育种途径。是草坪草育种中最基本、简易、快速而有效的途径。

6.67 **基因枪法 microprojectile bombardment** 利用火药爆炸或其他动力加速包裹了 DNA 溶液的金属粒子（如钨、金等），在金属粒子射入植物细胞时也将 DNA 带入植物细胞，从而获得了稳定的转化体。目前，基因枪法已成为仅次于农杆菌介导法的一种广泛应用的植物遗传转化方法。其特点是克服了农杆菌转化的寄主限制、简化了质粒构建、简化了转化方法以及避免了农杆菌污染造成的假阳性，其不足之处是转化时外源基因多拷贝插入的几率较高，而多拷贝插入往往会影响转入基因的遗传稳定性和表达。

6.68 **分子遗传学 molecular genetics** 指在分子水平揭示遗传学原理和开展精细的遗传作图的一门学科。该学科的发展，使得遗传学进入了一个新时代，也为植物育种注入了更深的内涵，为植物育种提供了正确的理论依据和先进的技术方法。

6.69 **分子标记 molecular markers** 在分子水平揭示的生物基因组 DNA 间的差异，这种差异要远远超过形态标记、细胞学标记以及生化标记。其特点是不受季节环境限制，数量多，多态性高，与不良性状无明显连锁，多表现共显性，能够鉴别出纯合基因性和杂合基因型。

6.70 分子进化 molecular evolution 研究生物进化与核酸和蛋白质含量和分子结构的相关性。研究表明，种间亲缘关系的远近，常与核苷酸差异大小有关系。

6.71 多重胁迫耐性（生理）multiple stress tolerances 指草坪草在生长发育过程中同时受到多种逆境因子的影响，如亚热带地区冷季型草坪草在夏季同时受到高温、高湿以及病虫害等多重的影响，而沿海地区春季草坪常受到干旱、盐害以及低温等逆境因子的影响。

6.72 母体遗传 maternal inheritance 又称细胞质遗传。指植物正反交后代的某些性状都同于母本，其原因是控制这些性状的遗传因子在细胞质中。

6.73 美国草坪评价项目 national turfgrass evaluation program，NTEP 目前在国际上影响最大的草坪草的区域试验项目。该评价体系是由美国农业部贝尔斯威尔农业研究所和美国草坪联合公司共同提出的一个北美草坪草区域试验项目，主要评价草坪草新品种在美国和加拿大不同地区的适应性及其特性。每个品种需在潜在适宜区域经过多年多点试验，评价指标采用九级制法。经过 NTEP 所得到的试验结果可供草坪（园林）公司、育种家以及消费者概括了解某一品种的适应性，适宜种植区以及养护水平。

6.74 乡土草种 native species 某一地区获取与原有天然分布的草种。乡土草种长期生长在其自然分布区内，对本地区的气候和土壤条件有较强的适应性。

6.75 自然选择 natural selection 在一定的自然环境中，植物群体中对环境有较大适应能力的个体会留下较多可达生育年龄的后代，这就是自然选择的作用。因此，自然选择的结果会使群体向着更加适应环境的方向发展。

6.76 自然变异 natural variation 由于环境条件的改变引起突

变的发生；或者植株和种子内部的生理生化的变化引起自然突变。

6.77 美国植物种质系统 national plant germplasm system，NPGS 美国国家种植资源系统位于佐治亚州。该系统将美国的资源以及从全球其他国家采集来的种源统一保存于此，以重点保证美国科学家研究之用。

6.78 异型，劣型 off-types 指某一草坪草品种中存在的不同于原种的变异株系，通常这种株系坪用性状要较原种差。

6.79 渗透调节基因 osmoregulation gene 控制细胞渗透调节的基因。渗透调节基因主要包括控制细胞内脯氨酸合成的基因等。

6.80 聚乙二醇 polyethylene glycol，PEG 即乙二醇聚氧乙烯醚，能改变各类细胞的生物膜结构，使两细胞接触点处质膜的脂类分子发生疏散和重组，由于两细胞接口处双分子层质膜的相互亲和以及彼此的表面张力作用，从而使细胞发生融合，形成杂种细胞，培养该杂种细胞可以获得一些特殊的杂种植株。同时，聚乙二醇也可创造干旱胁迫的生境。

6.81 表型可塑性 phenotypic plasticity 指植物外部形态容易受外在生长环境条件的变化而变化，如践踏会使植株矮化，密度增加；而氮素的过多施用会使植物叶色变深且出现徒长等，这些均直接影响了植物外在景观效果的评价。

6.82 表型选择 phenotypic selection 根据植物外部形态对种质或育种后代进行的选择称为表型选择，表型选择简单直观，对草坪草等以观叶植物而言尤其重要，直接决定了坪用质量的改良程度。

6.83 植物品种保护 plant variety protection 也称作植物育种者权利，同专利、商标、著作权一样，是知识产权保护的一种形式。完成育种的单位或者个人对其授权品种享有排他的独占权。任何单位或者个人未经品种权所有人许可，不得为商业目的生产或者销售该授权品种的繁殖材料，不得为商业目的将该授权品种的繁殖材料重复使用于生产另一品种的繁殖材料。

6.84 倍性 ploidy 在自然界中，每一种植物都有一定数量的染色体，维持其生存最低限度数目的一组染色体被称为染色体组、而倍性是细胞中染色体组的整数状态。

6.85 授粉 pollination 花粉的传递过程叫做授粉。授粉是被子植物完成结实必经的过程。根据植物的授粉对象不同，可分为自花授粉和异花授粉两类。

6.86 多态性 polymorphisms 多种表现形式，"多态性"一词最早用于生物学，指同一种族的生物体具有相同的特性，同时亦有多种表现形式。就某一植物而言，可表现为形态多态性、细胞多态性、生化多态性以及分子多态性等。

6.87 多倍性 polyploidy 若一物种的体细胞拥有 3 个或 3 个以上的染色体组时，该物种称为多倍体。

6.88 群体改良 population improvement 通过鉴定选择、人工控制下的自由交配等一系列育种手段，改变群体中基因及基因型频率，增加优良基因的重组，从而达到提高有利基因和基因型频率。群体改良不仅可以改良群体自身性状，而且能改变群体的配合力和杂交优势，提高有利基因和基因型的频率，同时，还可以改良种质的适应性。

6.89 DNA 多态性 polymorphic DNA 多态性是指在一个生物群体中，同时和经常存在两种或多种不连续的变异型或基因型或等位基因，从本质上来讲，多态性的产生在于基因水平上的变异，一般发生在基因序列中不编码蛋白的区域和没有重要调节功能的区域。

6.90 数量性状基因座 quantitative trait locus，QTL 植物许多重要的经济性状通常表现为连续变异，即为数量性状。数量性状是由多个基因座共同决定的，但不同基因座基因效应不同，其中将对数量性状有较大影响的基因座称为数量性状基因座。

6.91 诱变育种 induced mutation breeding 是利用理化因素诱发变异，再通过选择而培育新品种的育种方法。

6.92 航天育种 space breeding 是利用返回式卫星进行植物品种选择选育的一种方法，利用空间环境的微重力、高能粒子、高真空、缺氧和交变磁场等物理诱变因子进行诱变和选择育种研究。

6.93 随机扩增多态性 DNA randomly amplified polymorphic DNA，RAPD 即随机扩增多态性 DNA，该技术是在 1990 年由 Williams 等人以 DNA 聚合酶链式反应为基础而提出的，是用随机排列的寡聚脱氧核苷酸单链引物（通常为 10 个核苷酸）通过 PCR 扩增染色体组中的 DNA 所获得的长度不同的多态性 DNA 片段。该标记为显性遗传，可检测未知序列的基因组 DNA，引物无种族特异性，技术简单，但重复性较差。

6.94 质量性状 qualitative character 能区分相对性状的单位性状，一对相对性状之间没有连续的中间型出现。

6.95 轮回选择 recurrent selection 从基础群体中选择优株进行自交测交，以取得相当数量（一般不少于100）的自交系和测交组合。经过测交组合鉴定后，选出优良组合的相应优系再组合成综合种，这一整个过程称为一个轮回。

6.96 繁殖 reproduction 指草坪草通过种子或匍匐茎、根状茎等将有限材料快速增殖的方法。具体包括有性繁殖和无性繁殖。

6.97　限制性片段长度分析 restriction fragment length analysis，RFLP　指用限制性内切酶酶切不同个体的基因组 DNA 后，含有与探针序列同源的酶切片段在长度上的差异。其特点是无表型效应，具有共显性特点，标记范围遍及全基因组，并且具有种族特异性。可广泛应用于植物遗传连锁图谱构建、与重要性状紧密连锁的分子标记筛选，以及遗传分析和数量遗传学研究。然而，该标记的弱点是 DNA 需求量较大，实验技术要求较高，成本较高。

6.98　核糖体 DNA ribosomal DNA，rDNA　是组成核糖体的主要成分，而核糖体是合成蛋白质的中心。rDNA 一般与核糖体蛋白质结合在一起，形成核糖体。原核生物的核糖体一般含有 3 种 rDNA，即 5S，16S 和 23S；真核生物核糖体含有 4 种 rDNA，即 5S，5.8S，18S 和 28S。

6.99　根系可塑性（草坪植物）root plasticity　指草坪草根系由于土壤条件变化或外来干扰而变化的现象，如黏重的土壤或由于过度践踏或地下水位偏高的土壤会使草坪草根系分布偏向于土表，而疏松或地下水位偏低的土壤会使根系分布更深入、更发达。

6.100　去杂 roguing　为保持品种的纯度，从品种群体中去除混杂的植株的操作过程。

6.101　十二烷基硫酸钠—聚丙烯酰胺凝胶电泳 SDS-PAGE　蛋白质的凝胶电泳通常在加入十二烷基硫酸钠的聚丙烯酰胺凝胶中进行（SDS-PAGE）。SDS 聚丙烯酰胺凝胶电泳可测定蛋白质相对分子质量，此法测定时间短，分辨率高，所需样品量极少（$1 \sim 100\mu g$），但只适用于球形或基本上呈球形的蛋白质。

6.102　种子生产 seed production　又称良种繁殖。指繁殖、生产优良品种的种子以供生产之用。

6.103 **种子发芽势 seed germination energy** 在种子发芽试验中，发芽种子数达到高峰时的正常发芽种子总数占供试种子总数的百分比。它是反映种子品质的重要指标之一。

6.104 **自花不亲和 self-incompatibility** 雌雄蕊均发育正常，能正常开花散粉，但将同一植株上的花粉授到同一植株的柱头上时均基本不结实的现象。

6.105 **自花授粉 self-pollination** 花粉传到同一朵花雌蕊柱头上的传粉方式。但在实际应用中，通常也指同株异花间的传粉。

6.106 **半致死突变 semilethal mutation** 导致具有基因突变基因的个体有50%死亡的突变现象，它常是决定适宜诱变剂量的重要指标。

6.107 **自交结实 self-seed setting** 雌雄蕊均发育正常，能正常开花散粉，而且将同一植株上的花粉授到同一植株的柱头上时均基本结实的现象。

6.108 **简单重复序列 simple sequence repeats, SSRs** 又称微卫星 DNA，它是由一类 1~6 个碱基组成的基序串联重复而成的 DNA 序列，广泛分布于基因组的不同位置，这类序列的重复长度具有高度的变异性。根据微卫星相对保守的两端的单拷贝序列设计一对特异引物，利用 PCR 技术，扩增每个位点的微卫星 DNA 序列，通过电泳分析核心序列的长度多态性。该标记具有多态性丰富，重复性好，其标记呈共显性，且在基因组中分散分布，可作为遗传标记。然而，需特异性引物，且该类引物开发比较困难。

6.109 **体细胞变异 somaclonal variation** 在植物组织和细胞培养过程中，在有选择压力（如低温、盐碱、高温等）或没有选择压力时发生染色体或 DNA 分子水平上的变异并伴随基因型的改变，通过组织培养可将存在于个别细胞中的变异保存下来，这种变异称为体细胞变异。这种变异在基础理论研究或植物的遗传改良中非常有用。

6.110 滞绿基因 stay-green gene 一种调控叶绿素代谢的关键基因，许多物种的滞绿突变体具有相似的表型特征，即衰老被延缓，叶绿素不降解或降解缓慢。叶片中叶绿素降解的减缓可以显著地延长叶片的自然衰老和离体衰老进程，进而可能延长光合期和光合总量，因此而导致的滞绿性状可以延长绿叶蔬菜的货价寿命和饲料作物的采后绿期，进而增加其主要营养成分叶绿素和蛋白质的含量，滞绿性状也可以显著地改善草坪植物的绿期和景观效果。

6.111 综合品种 synthetic cultivars 育种家按照一定的育种目标，选用优良的品系，根据一定的遗传杂交方案有计划地人工合成的群体。综合品种具有丰富的遗传变异，综合性状优良，适应性强。

6.112 薄层色谱法 thin layer chromatography 薄层色谱法，系将适宜的固定相涂布于玻璃板、塑料或铝基片上，成一均匀薄层。待点样展开后，与适宜的对照物按同法所得的色谱图作对比，用以进行药品的鉴别、杂质检查或含量测定的方法。

6.113 转基因技术 transgenic technology 通过基因枪法、农杆菌介导法或花粉管通道法等方法将外源基因转到目标植物中，并在其中成功表达的技术。该技术不仅对草坪草改良周期短，目标性强，而且可实现常规改良方法无法达到的改良目标，如抗除草剂性状的改良等。

6.114 三倍体杂种 triploid hybrids 由一个四倍体配子与一个二倍体配子经杂交后形成的三倍体杂种，因其不能进行减数分裂形成配子、故常不育，不能完成有性生殖过程。

在草坪草中，狗牙根（四倍体）与非洲狗牙根（二倍体）杂交形成的三倍体杂种（Tif 系列品种）主要以无性繁殖完成建植草坪。

6.115 无意识选择 unconscious selection 又称为自然选择。即在一定的自然环境中，植物群体中对环境有较大适应能力的个体会留下较多可达生育年龄的后代，这就是自然选择的作用。因此，自然选择的结果会使群体向着更加适应环境的方向发展。

6.116 变异性 variability 指植物种质资源特征特性的变异，其大小可用变异系数来表示。

6.117 野生种质 wild germ plasm 某一植物在野生状态下的资源总和，它常具有该种植物在栽培条件下失去的种质多样性和抗逆性，是栽培植物遗传改良的重要育种材料。

6.118 风力授粉 wind-pollination 许多植物借助于风力传粉而达到异花授粉的目标。草坪草花被小，不具香味和鲜艳的颜色，其花粉小而轻，柱头常呈羽毛状，有利于承受花粉，所以都是通过风力传粉授粉的。

6.119 黄茎 yellow-stem 主要指暖季型草坪草中常出现的一种茎色变异，该变异植株的匍匐茎色泽常常不是常规的紫色，而是黄绿色，如假俭草、狗牙根、结缕草中出现的黄绿茎系，这类植物通常叶色也较浅，花药和柱头通常也是黄绿色的，且其抗性也弱于紫色茎系。

七、草坪建植与管理

7.1 半天然型坪床 semi-natural turf bed 需采用一些工程措施改良方能达到草坪正常生长和场地使用质量的一类坪床。

7.2 拌种 seed dressing 使种子表面粘附农药、化肥或者其他物质的作业。

7.3 百米管路水头损失 head loss in hundred-meter pipeline 在规定条件下，水通过百米管路沿程和局部水头损失之和。单位为米水柱。

7.4 表施（土壤）作业 top-dressing 将一薄层事先选择或准备好的碎土或沙等施入草坪的过程。

7.5 表面排水 surface drainage 使水从地表排出场地外的排水方式。

7.6 杯形切刀 cup cutter 下口具利刃的中空筒状切刀。用在草坪上打洞或取下受损的小块草皮以进行修补。

7.7 玻纤网 glass geogrid 用玻璃纤维制成的平面网格状材料。

7.8 播种均匀性 uniformity of drilling 播种机播下的种子在播行内分布的均匀程度。

7.9 播种深度 depth of sowing 播种后种子上部覆盖土层的厚度。

7.10 播种量 application rate 单位播种面积或单位播行长度内播入种子的质量或数量。

7.11 草块 pluge 从草坪或草皮分割成的小块草坪。

7.12 草皮生产周期 period of sod 从草皮繁殖到草皮达到出圃

条件所需的时间长短。

7.13 草皮韧性 sod strength 单位面积草皮所能承受静拉力的大小，表示草皮卷和草皮块抗外力撕拉的性能。

7.14 成坪速度 establishment rate 从开始建植草坪到成为成熟草坪所需要的时间。

7.15 草坪盖度 turf coverage 样方内草坪草的地上部分垂直投影面积与样方面积的百分比。

7.16 草坪高度 turf height 自然状态下，草坪草顶端至种植基床表面的垂直距离。

7.17 草坪色泽 turf color 人眼对草坪表面反射光线量与质的感受和喜好程度。

7.18 草坪草需水量 water requirement 在正常生育状况和最佳水、肥条件下，草坪草整个生育期的蒸散量。

7.19 草坪保护覆盖物 turf protection cover 指铺设到草坪上用来保护践踏过重的草坪区域的多孔的非织状塑胶制品。在草坪上进行各种集会活动时使用。

7.20 草坪保温覆盖物 turf enhancement cover 气温降低时用于保温或加快草坪成坪的、用人造棉等材料制成的一种草坪覆盖物。

7.21 草坪比色卡 color chart 又称颜色标准。分布着与草坪草叶片颜色相同的色带卡片。颜色从全黄褐色以 10% 的梯度增加到全绿色，为草坪草颜色测定提供标准。

7.22 草坪草管理 turfgrass management 保证草坪的坪用状态与持续利用而对草坪草进行日常和定期的养护。

7.23 草坪草质量 turfgrass quality 构成草坪草植被的草本植物在其生长和使用期内功能的综合表现。可用草坪草颜色、质地、高度、抗逆性等指标综合衡量。

7.24 草坪叉孔 forking 一种靠人工实施的草坪通气措施。即用铲状的叉或相同铁齿构造的工具在草坪土壤上打洞。

7.25 草坪重建 turf reestablishment 对失去功能的草坪重新建植。包括原有草坪的完全清除、土壤耕作、新草坪的播种或营养定植等一整套建造程序。

7.26 草坪重播 turf reseeding 又称草坪追播。为了达到成功的建植，在上次播种失败后立即进行的再次播种。

7.27 草坪繁殖生产 propagation and production of turf 采用常规方法及先进技术提高草坪植物繁殖系数，形成生产规模，成为市场商品的过程。其生产分为两类：一类是种子繁殖，另一类是营养繁殖。

7.28 草坪风枯 turf wind burn 由于空气干燥而使草坪枯焦或草死亡的现象。通常易在最上层的叶片出现。

7.29 草坪复壮 turf renovation 又称草坪改良。针对草坪存在的问题加以改良的过程。包括有限制使用场地、施肥、划破、打孔、补播、铺草皮等措施，使草坪恢复生机。

7.30 草坪改良 turf improvement 去掉草坪的某些缺点使之适合人们需求的一些措施，如去除死地被物等。

7.31 草坪更新 turf innovation 对退化或者失去使用功能的草坪采取的重建或者改建措施的总称。

7.32 草坪耕作 cultivation 在不破坏草坪的情况下进行的打孔、除土芯、划破、垂直刈割等针对草坪及枯枝层的作业。

7.33 草坪功能质量 turf function quality 草坪使用的适应能力。包含草坪弹性与回弹性、滚动摩擦性能、滑动摩擦性能、草坪强度、草坪恢复力、草坪硬度等。

7.34 草坪恢复力 turf resilience 草坪受损后自行恢复到原来状态的能力。

7.35 草坪利用强度 turf use intensity 草坪单位时间使用的频率。

7.36　草坪绿期 turf greentime，green period　草坪全年维持绿色外观的时间。一般指草坪群落 50% 的植物返青之日到 50% 的植物呈现枯黄之日的持续日数。

7.37　草坪喷水 turf syringing　用少量的水喷洒草坪，其目的可以是：①通过叶面自由表面水的蒸发，消散积累的热量；②防止或调节叶面水分的不足，特别是凋萎；③去除草坪表面的露、霜和某些分泌物。

7.38　草坪洒水 turf watering　在施用农药之后，为了其溶解或从草坪表面洗涤某种物质使其进入土壤而立即进行的草坪给水。

7.39　草坪砂 lawn sand　用于草坪表施的细沙。可改善草坪土壤物理性状和防除草坪杂草，如夏枯草、红三叶等。

7.40　草坪烫伤 turf scald　强烈的暴晒、相对较浅的积水，使水温达到致死温度，造成草坪草的枝条烫伤、衰落而变成褐色的伤害。

7.41　草坪通气 lawn aeration　改善草坪根层通气、透水条件的措施，以促进草坪根系的发育和对营养的吸收。其方法为可在草坪上以草坪打孔机械打孔。

7.42　草坪直播 direct sowing，seeding　用草种直接播种形成草坪的方法。包括整地、播种、建坪初期管理及建成后的日常养护等。

7.43　草坪植生带 turf plant strip，seed strip，seed mat　又称草坪种子带。以特定的工艺将草种与添加物（种肥、保水剂、农药）按一定的排列方式与密度均匀固定在载体间（能自行降解的无纺布等）制成的草坪特殊建植材料。

7.44　草坪砖 turf planting brick　建植草坪需要的多种材料播于留有小孔的地板砖中形成的特殊的装饰草坪。常用于需要绿化而又人、车流量大的地方，如公园人行道、停车场等。

7.45 **草坪组成 turf components** 构成草坪的植物种或品种以及它们的比例。

7.46 **草圃 turf nusery** 专门生产草坪植物、草皮的场圃。多用匍匐性的草种建植。

7.47 **草塞 plug** 成块的小草皮，在使用塞植方法建植草坪时使用。

7.48 **草纹 rippling，washboroard effect** 剪草机剪草时因行驶速度太快而在草坪表面形成的不平整波纹。

7.49 **草屑 clippings** 修剪草坪时剪下的叶、茎等碎屑。

7.50 **重建 reestablishment** 当特定区域的草坪无法达到管理技术所要求的目标时，在该区域重新建植所期望的草坪的过程。

7.51 **草坪草种的选择 turfgrass variety selection** 建坪时确定用何草种建坪的作业。

7.52 **草坪着色剂 turf colorant** 具有不同用途和不同颜色的染色剂，可在休眠草坪上进行人工染色，装饰退化草坪和用于草坪标记等。

7.53 **草坪强度 turf strength** 草坪忍受外来冲击、拉张、践踏等能力的指标。包含草坪的耐践踏性。受草坪草种、管理的影响。

7.54 **草坪草播种 seeding** 把种子均匀地撒于种床上，并把它们混入表土中的作业。

7.55 **擦破种皮 scarification** 将硬实较多或者种皮较厚不易发芽的种子种皮擦破，使之易于吸收水分，是提高发芽率的一种措施。

7.56 **叉耕 forking** 使用铁叉深入土壤的深处然后撬动土壤，使板结的土壤破碎变散，是改善土壤通气性的耕作方式。

7.57 插枝条法 sprigging 用扦插枝条的方式建植草坪的方法。

7.58 场地等高 field contour 用等高线表示场地地形相等变化。

7.59 场地分析 site analysis 工程或研究项目实施前对现场基本情况的调查和分析。

7.60 床土改良剂 soil amendment agent 能改善床土理化特性，使其符合草坪生长要求的添加物。

7.61 穿孔 pricking 用短钎在很浅的范围内在草坪上打孔的作业。

7.62 垂直绿化 vertical greening 利用植物材料沿建筑物立面或其他构筑物表面攀附、固定、贴植、垂吊形成垂直面的绿化。

7.63 垂直刈割 vertical cutting 借助安装在高速旋转水平轴上的刀片对近地表面的草坪进行垂直切割，以清除草坪表面积累的有机质层，是改善草皮通透性的一项草坪通气措施。

7.64 垂直修剪 vertical mowing 用安装在横轴上的一系列纵向排列的刀片来切割或划破草坪的作业。

7.65 粗平整 rough grade 指表土移出后按设计营造地形的整地作业，是坪床面的等高处理。

7.66 单播 single seeding 用同一草坪草种的单一品种播种建植草坪的方法。可保证草坪最高的纯度和一致性，由于遗传背景较为单一，因此对环境的适应能力较差，要求养护管理的水平较高。

7.67 打孔 coring 特指草坪养护中的打洞，用专用机具从草坪土壤中打孔并挖出土芯（草塞）的作业，为空心打孔。是一项草坪土壤通气措施。

7.68 打孔深度 aerating depth 草坪打孔机械进行打孔作业时刀具进入土壤的最大深度，深度是打孔头插入土中后其尖部距草坪土壤表面的距离。

7.69 **大水漫灌法 pour irrigation** 将水引入草坪，使其自然流入地表的灌水方法。

7.70 **施肥播种 seed-and-fertilizer sowing** 施肥和播种同时进行。

7.71 **带土栽培 ball-planting** 根系带母土的植物移栽方式。以保护移栽过程中植物根系不受损伤，保持根系与原来土壤环境的协调。

7.72 **当量孔径 equivalent opening size** 用于表示网格型（如土工网、土工格栅）土工合成材料孔隙大小的指标，是将某种形状的网孔换算为等面积圆的直径。

7.73 **地表追肥 topdressing** 草坪生长期间直接在表土追施的肥料。

7.74 **地表水灌溉 surface water irrigation** 以地表水体（河川，湖泊及汇流过程中拦蓄起来的地表径流）为水源的草坪供水方式。

7.75 **地下水灌溉 groundwater irrigation** 以地下水作为水源用以补充草坪土壤水分的技术措施。

7.76 **地下水临界深度 critical depth of groundwater** 防止土壤发生盐碱化所要求的最小地下水埋深。

7.77 **地形设计 topographical design** 对原有地形、地貌进行工程结构和艺术造型的改造设计。

7.78 **滴灌 drip irrigation，trickle irrigation** 利用滴头、滴灌管（带）等设备，以细流或滴水的方式，湿润作物根区土壤的灌水方法。

7.79 **底基 subgrade** 人工建造的土壤底层。在铺植草皮块时，在土层深度或高度不够的地方，用表土、根际混合物或其他材料垫铺成的具有适当厚度的土层。

7.80 **对比度 contrast** 景观中不同斑块之间属性的差异程度。

7.81 **堆肥 composting** 一种把有机废弃物进行堆制、发酵而成的农家肥料。常用植物的枯枝落叶、畜禽粪便、农副产品等有机废弃物，添加一定的无机肥料和发酵制剂，在微生物作用下，有机废弃物发酵、腐熟而制成的植物可利用的有机肥料。

7.82 **堆肥处理 composting，treatment** 将畜禽有机固体废物集中堆放、并在微生物作用下，逐渐稳定的过程。

7.83 **堆肥熟化 maturation** 堆肥物料在微生物的作用下降解并达到稳定化的过程。

7.84 **堆肥周期 posting period** 由物料到完成堆肥所需的时间。

7.85 **二级参考点 secondary reference points** 标示出特定工作区域，界线和不同位置的标点。

7.86 **分水管道 water distribution line** 在整个喷灌系统中运送水直径较小的管子。

7.87 **飞机播种 air broadcast** 用飞机低空撒播种子。

7.88 **肥水灌溉 nitric groundwater irrigation** 利用含有一定数量氮、磷等营养元素的水源进行灌溉的方法。

7.89 **覆土 top dressing** 使用沙土、土壤以及有机物等低含量营养元素的材料，较大量的平铺于草坪场地表面的作业。

7.90 **覆盖 mulching** 用其他材料覆盖已播种坪床的作业。

7.91 **干斑 dry spot** 草坪或土壤上的干燥斑块。它的周围为湿润的环境，一般的灌溉或降水不能使干斑湿润。干斑的出现通常与芜枝过多、真菌活动、土壤中有薄隔水层、紧实的土壤以及所处位置稍稍抬高有关。

7.92 **盖播时期 overseeding time** 草坪盖播的时间。一般掌握在播后一周能出苗的时期为好，或在早霜来临前 20～30 天进行。在土壤 10cm 深处温度为 21℃ 时播种。一般温暖地区 9 月中下旬至 10 月中旬，稍冷凉地区于 8 月下旬进行。黑麦草发芽较快，4~7 天就能出苗，可以比其他草坪草迟播几天。

7.93 根茎撒播 broadcast cutting，stem cutting broadeast 将草坪草地下茎切成小段进行撒播的播种方式。多用于热带多雨地区草坪建植。

7.94 根深 root depth 草坪草根系在土壤中的深度。其值大小可以反映草坪的水分状况与土壤状况。

7.95 根系疏理 root pruning 通过垂直刈割、打孔等措施清理草坪草冗余根系的作业。草坪草经过多年生长后，土壤中的根系变得密集，根系出现冗余现象，影响土壤的通透性和草坪的弹性，通过根系疏理使其恢复生机。

7.96 根系层 root zone layer 由矿物质、有机质、砂等与根系密布交织而形成的土层。

7.97 沟播 furrow drilling 将种子播在垄沟中的一种播种方法。

7.98 规则式种植 formal style planting 按规则图形配植，或排列成行的种植方式。

7.99 管路耐水压试验 pipeline pressure test 在规定条件下，考核管路能否承受内水压力的试验。

7.100 管道排水系统 pipe drainage system 用地下管道排除土壤水分以控制草坪土壤水位的工程措施。

7.101 灌溉方案 irrigation program 进行灌溉的具体计划或灌溉制定的规划，以确定供水间隔和每次供水量。

7.102 灌溉水质 irrigation water quality 灌溉水的化学性质、物理性状和生物的特性及其组成状况。

7.103 灌溉水源 water source for irrigation 用于灌溉的地下水和地表水的统称。

7.104 滚压 rolling 用一定质量的滚筒对草坪进行的镇压作业。

7.105 滚压条纹 striping 利用草坪草叶片正反面对光线反射有差异的现象，通过来回交替剪草、滚压等方式在草坪上制造阴阳条纹，以增加球场的景观效果。

7.106 行距 row spacing 相邻两播行中心线间的距离。

7.107 划条 slicing 由安装在重型圆筒上的圆盘或 V 形刀片完成的深而垂直的切割作业。

7.108 恢复力 resilience 又称弹性。草坪受干扰后恢复原来功能的能力。

7.109 恢复潜力 recuperative potential 草坪草受到损伤后通过自身的生理代谢能恢复到原来状态或原先功能的潜在能力。

7.110 混播 mixture seeding 两种以上草坪草的种子混合进行播种建植草坪的方法。

7.111 混合播种 blending 把同一草种的不同品种混在一起的播种方法。

7.112 基本参考点 primary referenee poince 草坪工程中必须保持在原地的标点。

7.113 即时草坪 instant turf 一般指用草皮铺设的草坪，是很快见到效果的草坪建植方式。

7.114 加筋 reinforcement 指在土内或其他材料内或界面上掺入或铺设适当的质地比较硬的加固材料，以提高土体或结构体强度与抗变形能力的行为。

7.115 剪剩物 clipping 草坪草被修剪下来的部分。

7.116 建设图纸 construction drawings 用于草坪工程建设施工的图纸资料。

7.117 建坪 turf establishment 建植草坪的作业。利用人工方法建起草坪地被的综合技术体系。包括场地准备、草种选择、种植与种植后的养护管理 4 个主要环节。

7.118 **建坪覆盖 mulching for turf establishment** 草坪种植后用覆盖材料覆盖坪床的作业。覆盖有以下作用：稳定土壤和种子，抗风和地表径流的侵蚀；调节地表温度的波动，保护已萌发的种子和幼苗免遭温度波动所引起的危害；减少土壤水分的蒸发，提供一个较湿润的小生境，减缓来自降雨和喷灌水滴的冲击，减少地面板结的形成，使土壤保持较高的渗透速度等。

7.119 **建植 establishment** 草坪植物播种后经发芽、出苗到存活的过程。

7.120 **建植速度 establishment rate** 又称成坪速度。从开始建植草坪到成为成熟草坪所需的时间。

7.121 **践踏 foot traffic** 人或车辆等在草坪上行走对草坪草及土壤产生的撕拉、压实等作用。往往造成土壤紧实。

7.122 **践踏效应 traffic effect** 人员和机械对草坪践踏所造成的影响。直接效应是草坪草受到损伤，并导致土壤紧实。

7.123 **交播 over seeding** 亚热带或者热带地区，在暖季型草坪草秋季枯黄的时候，为了获得良好的外观和正常的娱乐需要，把冷季型草坪草覆播于暖季型草坪草之上的作业。

7.124 **节水草坪 water-efficient lawn** 需水较少的草坪。由耐旱草坪草，如野牛草、结缕草、狗牙根等建植的草坪。

7.125 **局部处理 local treatment** 对整片草坪的部分进行的处理。通常局部处理可以成行、成条或定点地进行。

7.126 **开沟深度 depth of seed furrow** 播种后种沟沟底至原地表的距离。

7.127 **客土 foreign soil** 从异地取来改善原土壤肥力和理化性质的土壤。

7.128 **枯草层 thatch** 又称枯枝层、芜枝层。位于草坪基部的绿色部分与土壤之间，由紧紧缠绕的活的或死的草茎、

草根等形成的混合草垫层。过量的枯草层会影响土壤的
通气透水，阻碍草坪草的生长。

7.129　枯草层分解 thatch decomposition　枯枝、落叶在土壤细
菌或真菌作用下腐烂、分解的作用。

7.130　枯草层控制 thatch control　减少枯草层形成的综合措施。
可用物理或生物的方法，如疏草、穿刺、打孔、覆沙等。

7.131　枯黄期 withered period　群体中 2/3 叶片呈现枯黄的植
株数达到半数以上的生育阶段。一般发生在种子收获之
后，是牧草或草坪草生长发育期的最后一个阶段。

7.132　扩展系数 spread factor　雾滴沉降在给定表面上所形成
的接触面的直径与雾滴实际直径的比值。

7.133　垄播 ridge drilling　将种子播在垄上的一种播种方法。

7.134　耧地 raking　除去场地表面的枯枝落叶以及剪草剩余物
的作业。

7.135　漫灌 flooding irrigation　水沿地面坡度漫流，在重力作
用下浸润土壤的一种灌水方法。

7.136　灭茬 paring　除掉地表作物残茬和杂草的作业。

7.137　免耕播种 no-tillage drilling　在未经翻耕的茬地上播种。

7.138　明沟排水系统 open drainage system　以开挖的明槽沟道
构成的排水沟系及其配套建筑物。

7.139　耱地 brushing　对坪床土壤的微小不平而采取的搓碎、
整平的作业。

7.140　摩擦 fraction　物体之间的平面接触。

7.141　尼龙网布 nylon cloth　用聚酰胺树脂纤维材料制成的网
布。在草坪坪床建造时，为防止种植层的细土与种子等
渗入下层砾石中，影响坪床的排水性能，在种植层和砾
石层之间用作隔离的网布。

7.142　碾压 rolling　为求得一个平整坚实的坪床面和使叶丛紧

密平整生长而进行的镇压作业。

7.143 **耙地 harrowing** 使用各种耙对表层土壤进行松碎、平整及灭茬的作业。

7.144 **喷播 hydro-seeding** 利用液流播种原理，将草坪草种子或茎节、黏合剂、覆盖材料、肥料、保水剂、染色剂和水的浆状物等，通过喷播器具高压喷到床土表面的建植方式。

7.145 **平整 leveling，grading** 草坪建植前，使用机械和人力对坪床表面进行整理，使之平缓、一致，符合种植要求的床面平整作业。坪床的平整通常分粗平整和细平整两类。

7.146 **平播 flat drilling** 播种后地表基本保持平整的一种播种方法。

7.147 **平滑度 smoothness** 草坪表面平滑程度。

7.148 **坪床 turf-bed** 为建植草坪而准备的具有一定厚度的床土。是草坪根系土壤层、粗砂层以及碎石层构成的综合体。

7.149 **坪床表面强度 turf bed surface firmness** 坪床表面抵抗外力的能力。

7.150 **坪床结构 turf bed section，subsurface section** 草坪坪床的层次、厚度及其材料构成。按照材料来源和建造方式可划分为天然、半天然和人工型 3 种结构。

7.151 **坪床清理 clearing** 在建坪场地内有计划地清除和减少障碍物，成功建植草坪的作业。

7.152 **坪床坡度 turfgrass bed gradient** 草坪坪床表面的倾斜状态。一般坡度范围为 0.3% ~ 2%，主要作用是为了保证地表积水能够排出。

7.153 **坪床消毒 turf bed sterilization** 对草坪坪床进行化学或者物理处理，杀灭土壤中的杂草种子、病原菌、虫卵和其他有生活力的有机体的过程。

7.154 **坡度 grade** 有一定的倾斜度的地面。在园林和运动场地施工时，通过使用土方机械来完成。

7.155 **破碎化指数 fragmentation index** 反映景观中斑块破碎程度的指标。

7.156 **破碎松土 shattering** 利用震动鼠道式机械装置破碎疏松土壤的一种坪床改良措施。

7.157 **铺植草皮 sodding** 将成熟的草皮卷以满铺或条铺的形式建植草坪。

7.158 **蒲式耳 bushel** 容量单位。1蒲式耳在英国等于8加仑，36.268L；在美国1蒲式耳相当于35.238L。

7.159 **强制排水 force drainage system** 依靠水泵的动力达到排水目的的一种排水方式。

7.160 **切边 edging** 用切边机将草坪的边缘修齐的作业。

7.161 **清理 clearing operations** 清除影响草坪建植和草坪管理障碍物的作业。

7.162 **全面处理 overall treatment** 对整片草坪草或整块草坪进行处理。

7.163 **全面排水 all through system** 对地下基础整形，达到中央高边缘低，使水能够流出场外的排水方式。一般基础之上铺10~13cm砾石等，在其上铺5~7cm粗砂，一直铺到场外的排水沟。

7.164 **入土角 penetrating clearance angle** 耕作机械工作部件开始入土时，作业机底面对地表的倾角。

7.165 **撒播 broadcasting** 将种子按一定播量撒布在田地表面。

7.166 **射水式中耕法 water-injection cultivation** 通过10cm的高达5 000psi的高压水脉冲，把水流以近 $1\,000km \cdot h^{-1}$ 的速度射入草坪土壤中的作业。

7.167 深耕 deep ploughing 超过常规耕层深度的耕地作业。

7.168 生长调节剂 plant growth regulation 对草坪草生长具有调节作用的物质。

7.169 生殖生长 reproductive stage 指草坪植物成熟植株花芽分化、开花、授粉、受精和种子的形成。

7.170 生长速率 growth rate 生长期间草坪草干物质积累的快慢程度。

7.171 湿润剂 wetting agents 是一种特别的表面活性剂，可以增加草坪土壤中水的湿润度，促进根系吸收水分的物质。

7.172 实心打孔 drilling 是一项草坪土壤通气措施，指用专用机具在草坪土壤中打孔的作业。打孔时不取出草塞，为实心打孔。

7.173 刷草 brushing 使表面平整，清理表面的杂物，使茎叶直立，提高修剪效率的作业。

7.174 霜脚印 frost footprinting 由于人在有霜但未死的草坪行走而使叶片死亡并形成的褪绿脚印。

7.175 疏草 dethatching 清理过多影响草坪草正常生长的枯草层，常用垂直切割等机械方式。

7.176 梳理草坪 brushing 清理草坪枯草层并将枝条梳直以便于修剪的作业。用短齿弹性耙疏草。

7.177 梳刷 combing 用金属制成的梳子梳理草坪的茎叶，以利于剪草机剪草的作业。

7.178 水播 hydroseeding 将种子倾入水中制成水—种子混合液，然后通过泵的喷嘴将混合液喷洒到种床上完成播种的作业。混合液也可含有肥料和覆盖物。

7.179 水管排水 pipe or tile system 排水管和集水管按一定顺序排设在土壤表层的下部，集水管将重力渗透的水归到排水管中，排水管将水排出场地外的排水方式。

7.180 **水土保持草坪 soil & water conservation lawn** 具有保持水土、改善生态、兼顾绿化美化功能的绿地草坪。

7.181 **松土 soil breaking** 疏松土壤的作业。

7.182 **天然型坪床 natural turf bed** 没有经过任何工程措施改造的草坪栽培的天然床土。最理想的是天然型坪床结构应该是表土肥沃、基层透水性能良好的土壤。土壤结构以沙或砾石之上有一层250mm左右的沙壤土为最好。

7.183 **田间出苗率 field emergence rate** 田间实测苗数占应出苗种子总粒数的百分比。即

$$田间出苗率 = \frac{出苗数}{播入粒数 \times 发芽率} \times 100\%$$

7.184 **填方 filling** 指的是坪床表面高于原地面时，从原地面填筑至坪床表面部分的土石体积。

7.185 **条播 sowing in lines** 按一定行距、播深与播量将种子成条地播入种沟并覆土的作业。

7.186 **秃斑 scalping** 草坪茎部修剪后背景呈现出褐色斑块的现象。一般由于草坪表面不平，枯叶层过厚，修剪间隔太长等原因造成。

7.187 **土垡 furrow** 耕作机具作业时，单个工作部件所切取的条状或块状土体。

7.188 **土方工程 earthmowing** 草坪工程土方作业，包括挖方、填方、运输及土方平衡等内容。

7.189 **土工模袋 fabriform** 双层聚合化纤织物制成的连续（或单独的）袋状材料。可以代替模板用高压泵把混凝土或砂浆灌入模袋之中，最后形成板状或其他形状结构。

7.190 **土工合成材料 geosynthetics** 以人工合成的聚合物为原料制成的各种类型产品，是岩土工程中应用的合成材料的总称。可置于岩土或其他工程结构内部、表面或各结

构层之间，具有加强、保护岩土或其他结构功能的一种新型工程材料。

7. 191 **土工网 geonet** 合成材料条带或合成树脂压制成的平面结构网状土工合成材料。

7. 192 **土工格栅 geogrid** 聚合物材料经过定向拉伸形成的具有开孔网格、较高强度的平面网状材料。

7. 193 **土工织物 geotextile** 透水性的平面土工合成材料，按制造方法分为无纺（非织造 non-woven）土工织物和有纺（织造 woven）土工织物。无纺土工织物是由细丝或纤维按定向排列或非定向排列并结合在一起的织物；有纺土工织物是两组平行细丝或纱按一定方式交织而成的织物。

7. 194 **土工复合排水材 geocomposite drain** 以无纺土工织物和土工网、土工膜或不同形状的合成材料芯材复合而成的土工排水材料。

7. 195 **土工垫 geomat** 以热塑性树脂为原料，经挤出、拉伸等工序形成的相互缠绕并在接点上相互熔合、底部为高模量基础层的三维网垫。

7. 196 **土壤深层通气 subsoil** 使更深层土壤通气状况得到改善的作业。

7. 197 **土壤比阻 specific draft of soil** 不同土壤在一定条件下对某种耕具在耕作时单位横截面上沿前进方向所产生的阻力。单位为 $N \cdot cm^{-2}$。

7. 198 **土壤适耕性 tillability** 土壤在耕作时所表现出的易于耕翻与松碎的性质。

7. 199 **拖耙 matting** 用一种重型金属网或类似的装置拖过草坪表面的作业。

7. 200 **挖填方作业 cut-and-fill operation** 坪床制备工程阶段的作业，如平整场地，利用挖掘机、运输车、铲车等土方施工机械进行的挖填及平整工作。

7.201 网状草皮 knitted turf 用草丝纤维编织成网状的人造草皮。

7.202 网丝材料 mesh element 用尼龙网加工成的网状片断和丝状材料，与土壤混合用以加固土壤，提高草皮强度，增加草坪的耐践踏能力。

7.203 无土栽培 hydroponics 又称营养液栽培。使用人工设施，施加营养液栽种草坪的农业工程技术。

7.204 雾滴密度 droplet density 目标物单位面积上沉积的雾滴数。

7.205 雾灌系统 mist irrigation system 又称雾化灌溉。具有节水、节能、抗堵塞、易管理等优点，既能满足作物根部对水分的要求，又能调节田间温度和湿度。

7.206 细平整 fine grade 为达到精细播种而进一步平整地表的作业。

7.207 细土 fine earth 颗粒较细的土壤。

7.208 细造型 finsh grades 平整坪床表面以利于播种的作业。

7.209 纤维土绿化工程 fiber-soil greening method 岩体工程绿化的一种方法。

7.210 心土层排水 subsurface drainage，underdrainage 草坪根系层排水的一种方法。

7.211 休眠草坪 dormant turf 在干旱、高温或低温胁迫下出现草坪草暂时停止生长的草坪。

7.212 休眠的草坪草 dormant turfgrass 由于干旱、炎热或寒冷使生长发育暂时中止的草坪草；但当条件变好时，又可恢复生长。

7.213 休眠期播种 dormant seeding 在非生长季节进行播种，待环境条件适宜时种子才萌发生长的一种播种方式。如秋末冬初季节播种，此时温度低，种子不发芽，处于休眠状态，一直到春天温度适宜时才发芽。

7.214 **休眠期铺草皮 dormant sodding** 在非生长季节铺设草皮，待环境条件适宜时才生长的一种建坪方式。如秋末冬初时移植草皮时温度较低，枝条及根系生长慢，直到第二年春天天气转暖才开始加快生长。

7.215 **修补铺草 spot sodding** 快速修补草坪的方法。按照被损坏的斑块大小和形状剪切草皮，移植到修补区处。

7.216 **修剪 mowing** 修剪草坪的作业，是草坪管理中最重要的一项工作，是维护草坪健全生长的重要管理手段。

7.217 **修剪高度 mowing height** 草坪修剪后草坪草顶端离地面的垂直高度。

7.218 **修剪间隔 mowing interval** 连续两次修剪之间相隔的天数或周数等。是修剪频率的倒数。

7.219 **修剪模式 mowing pattern** 修剪草坪时运行方向（向前或后）的模式。模式可以有规律地变化，以分配修剪量和控制其紧实度，避免形成纹理，形成对视觉美学，特别是对运动场观众视觉不良的影响。

7.220 **修剪频率 mowing frequency** 单位时间修剪的次数。

7.221 **修剪移除 clipping removal** 对草坪进行修剪，并将剪下部分移出草坪。

7.222 **修饰剪 trimming** 草坪边界式或镶边式的修剪，以便形成显著的装饰性界限。

7.223 **穴长 length of hill** 穴内相距最远两粒种子的中心在播行中心线的投影距离。

7.224 **穴距 hill spacing** 播行内相邻两穴的中心在播行中心线上的投影距离。

7.225 **熏蒸 fumigation** 应用强蒸发型化学药剂来控制土壤中

有害生物的一种方法。

7.226 **养护措施 cultural practice** 草坪日常养护管理进行的作业。

7.227 **养护强度 intensity of culture** 用于草坪草养护过程中各措施如施肥、灌溉、剪草等的数量和质量。

7.228 **叶面喷水 syringing** 对草坪进行短时间的浇水。目的在于补充草坪草水分亏缺、降低植物组织温度和除去叶子表面的有害附属物等。

7.229 **营养繁殖体 vegetative planting** 用具有营养繁殖能力的草皮、单个植株以及除种子以外的草坪草器官或者组织繁殖草坪的方法。

7.230 **幼苗定植 seedling establishment** 草坪草不依赖种子的储藏物质而能正常生活的早期阶段。

7.231 **幼苗 seedling** 又称种苗。由种子胚发育、营养繁殖或组织培养等产生的幼小植株。

7.232 **鱼鳞穴 fish scaly hole** 为防止水土流失,对树木进行浇水时,在山坡陡地筑成的众多类似鱼鳞状的土堰。

7.233 **园林 park and garden** 在一定地域运用工程技术和艺术手段,通过改造地形,营造建筑,种植树木花草而成的美丽的自然环境和游憩场所。

7.234 **园林草坪 garden law** 用于园林建造和美化的草坪,其特点在禾草草坪的基础上有双子叶草、花卉、灌木或乔木等参加并形成造型。

7.235 **园土 garden soil** 进行过植物种植并熟化的田园耕作土壤。

7.236 **原状草皮柱 core** 用土钻或者各种原状草皮柱挖取机(如草皮柱中耕机等)从草皮中取出的用以移植的一般长度大于直径的小草皮块。

7.237 **杂草率 rate of weeds** 单位面积草坪中杂草（非目标草）所占的百分数，表示草坪被杂草侵染的程度。

7.238 **再生力 recuperative capacity** 草坪受到病害、虫害、踩压及其他因素损害后，能够恢复覆盖、自身重建的能力。

7.239 **镇压 pressing** 用各种镇压器将土壤压实的作业。

7.240 **植被护坡 botechnigue** 利用植被涵水固土的原理稳定岩土地坡同时美化生态环境的技术。

7.241 **植草图 grassing plan** 园林工程和高尔夫球场工程设计的草坪种植施工图。包括种植区域、面积、品种、种植方式等内容。

7.242 **植床 plantbed，seedbed** 准备进行草坪种植的土壤层。

7.243 **直栽法 plugging** 用直接栽草苗的方式建植草坪的方法。

7.244 **整地 grade** 按规划设计的地形对坪床进行平整的作业。

7.245 **整修 poling and whipping** 采用竹条等抽打或用薄竹等在草坪上拖动，去掉草坪露水、打扫蚯蚓粪便、死虫体等为目的的作业。

7.246 **中耕 cultivation** 在草坪上进行的表土耕作。

7.247 **种植土 soil for planting** 适宜于园林植物生长的土壤。

7.248 **种植土层厚度 thickness of planting soil layer** 植物根系正常发育生长的土层深度。

7.249 **种子发芽率 germination percentage** 在规定的条件和时间内长成的正常幼苗数占供检种子数的百分率。

7.250 **自泄量 self-dischargerate** 作自泄试验时，在规定条件下接头处自泄的水量。单位为 L·min^{-1}。

7.251 **自泄试验 self-dischargerate test** 测定管路自泄量的试验。

7.252 **自压喷灌 gravity sprinkler irrigation** 利用水源和灌溉草坪床面之间的地形高差所形成的自然水头而实现喷灌的

方法。

7. 253 **作物需水量 crop water requirement** 作物全生育期或某一时段内正常生长所需要的水量。

7. 254 **作业幅宽 working width** 机具的实际工作宽度。

八、草坪植物保护

（一）病害

8.1　症状 symptom　草坪草受病原生物的侵染或不良环境因素的影响后，在组织内部和外表显露出来的异常状态。

8.2　病症 sign　发病植物上的发病部位出现的病原物的个体或子实体。

8.3　变色 discolouration　指发病植物原有的色泽发生变化。

8.4　坏死 necrosis　病部组织局部或大片的死亡。

8.5　腐烂 rot　病组织受病菌各种酶和毒素的作用，果胶质和细胞壁被分解，细胞被破坏，使原有的组织结构和外形解体。

8.6　畸形 maftormation　植物局部组织受病原物的激素类物质作用而表现的异常生长，一般分为增生、增大和抑制。

8.7　传染性病害 infections disease　植物受病原物寄生引起的有传染能力的病害。

8.8　非传染性病害 noninfections disease　植物受不良环境因素影响出现的无传染能力的病害。

8.9　缺素症 nutrition defciency　在土壤中常存在着植物必需的一种或几种元素的总含量不足或有效态降低，致使植物所吸收的数量低于自身正常所需的最低水平，生理功能受到干扰而出现的病状。

8.10　病害诊断 diagnosis of plant disease　根据发病植物的特

征、所处场所和环境条件，经过调查和分析，对病害发生的原因、流行条件和危害性等作出的准确判断。

8.11 发病率 disease incidence 发生病害的样本数占调查样本总数的百分比。发病率通常代表病害发生的普遍程度。

8.12 严重度 disease severity 病害发生轻重的程度。通常用分级的方法表示。

8.13 病情指数 disease index 又称感病指数。衡量植物发病率和病害严重度的综合指标。最高值为100，完全无病为0。

8.14 菌丝体 mycelium 构成丝状真菌营养体的菌丝的总称。菌丝自顶端生长，并能产生很多分枝，多分枝的菌丝相互交错构成菌丝体。

8.15 菌核 sclerotium 某些子囊菌和担子菌内，由拟薄壁组织和疏丝组织构成的一种休眠体。可以抵抗不良环境。形状多样。

8.16 致病性 pathogenicity 病原物侵染寄主植物引起病害的特性。

8.17 抗病性 disease resistance 植物抵抗病原物菌侵袭的能力称为抗病性。

8.18 侵染过程 infection process 病原物接种体从接触寄主开始，经侵入并在寄主体内定殖、扩展、进而危害直至寄主表现症状的过程。

8.19 侵染循环 disease cycle 植物从上一个生长季节开始发病到下一个生长季节再度发病的过程。

8.20 越冬（越夏）over wintering or summering 病原物以一定的方式在特定场所渡过不良环境的过程。

8.21 初侵染 primary infection 来自越冬或越夏场所的病原物接种体在生长季节中第一次引起寄主发病的过程。

8.22 再侵染 secondary infection 初侵染病株上产生的病原物

在同一生长季节内经传播引起的寄主群体再次发病的过程。

8.23 **病原物传播 dissemination of pathogens** 病原物接种体从侵染源向外扩散蔓延的过程。

8.24 **病害流行 disease epidemic** 病害大面积发生、迅速传播、造成损失的过程和现象。

8.25 **有害生物综合防治 integrated pest management，IPM** 从草坪生态系统的整体出发，强调充分利用自然界抑制病害的因素，创造不利于病害发生，而有利于草坪草生长发育和有益生物生存和繁殖的条件，有机地运用各种必要的防治措施，把病害控制在经济受害允许水平以下，同时不给人类健康和环境造成危害。

8.26 **植物检疫 plant quarantine** 依照国家法规，对植物及其产品进行检查和处理，以防止列入检疫对象的病、虫、草等有害生物人为传播蔓延的一种植物保护措施。

8.27 **农业防治 agricultural control** 为防治草坪病害所采取的农业技术综合措施。调整和改善草坪的生长环境，增强草坪草的抗病能力，创造不利与病菌害虫生长发育或传播的条件，以控制、避免或减轻病害的危害。

8.28 **化学防治 chemical control** 利用各种化学物质及其加工产品控制有害生物危害的防治方法。

8.29 **生物防治 biological control** 利用有益生物或生物代谢产物来防治草坪有害生物的方法。

8.30 **物理防治 physical control** 应用热力、射线或机械等物理因素防治病害的技术措施。

8.31 **杀菌剂 fungicide** 能够杀死或抑制真菌生长和繁殖的化学物。根据对病害的防治作用分为保护性杀菌剂、铲除性杀菌剂、治疗性杀菌剂；也可以根据化学成分分为无机杀菌剂、有机杀菌剂等。

8.32 **保护作用 protective action**　病原物侵染植物之前施用杀菌剂，使植物免受病菌侵染危害的作用。保护途径有两种：一是消灭病害侵染源，二是在病菌未侵染草坪草之前在其表面形成一层药膜，防止病菌侵染。

8.33 **治疗作用 therapeutic action**　在病原菌侵染草坪草或发病以后施用杀菌剂，抑制病菌的生长或致病过程，使植物病害停止发展或使植物恢复健康的作用。

8.34 **抗药性 resistant**　在有害生物种群中逐渐发展了具有忍受杀死正常种群或敏感种群大多数个体的药量的能力。抗性是指群体的特性，而不是个体改变的结果；抗性分布有地区性；抗性是由基因控制的，是可遗传的。

8.35 **抗药性监测 monitoring for pesticide resistance**　对病虫抗药性发生、发展的时空变化进行评估、检测并提出治理措施的过程。

8.36 **农药环境监测 environmental monitoring of pesticides**　连续或间断地测定环境中农药剂及其代谢物的浓度，观察分析其变化和对环境影响的过程。

8.37 **混合使用法 application of mixed pesticides**　两种以上的农药混合在一起使用的施药方法。一般是指现场作业时临时把药剂混加在一起喷施；在生产厂内预先混合加工成为商品制剂，成为混配制剂。无论是混合使用或混配制剂，都可以兼治和扩大防治范围，减少施药次数，发挥药剂之间的协同作用。是一种提高药效和延缓抗药性的有效措施。

8.38 **褐斑病 brown patch**　是由丝核菌引起的一种重要的真菌病害。危害所有的草坪禾草，引起苗腐、叶腐、鞘腐、根腐和茎基腐。在叶及鞘上形成梭形褐色病斑，病斑中心枯白色，边缘红褐色；侵入茎秆，造成茎及颈基部变褐腐烂，病株枯死；潮湿条件下，产生稀疏的灰白色菌丝并有黑褐色菌核形成，易脱落。在发病草坪上多呈环状或"蛙眼"状病斑，清晨有露水时，可以看到由萎蔫的新病株和病菌菌丝组成的"烟圈"。当气温升至大约 30℃，同时空气湿度很高（降雨、有露、吐水或潮湿天气等），且夜间温度高于 20℃（在 21~26℃或更高）时，病菌大量侵染，造成病害猖獗发生。枯草层，低洼潮湿、排水不良，偏施氮肥等因素都极有利于病害的流行。在科学养护的基础上，及时进行化学防治。

8.39 **腐霉枯萎病 pythium blight** 是由腐霉菌引起的一种发病快、危害严重的重要真菌病害。病菌可侵染草株各个部位，造成烂芽、苗腐、猝倒和根腐、根颈部和茎、叶及整株腐烂。受害病株水浸状、暗绿色、腐烂，摸上去有油腻感，倒伏，紧贴地面枯死，枯死圈圆形或不规则形。湿度大时，尤其在雨后，腐烂病株成簇趴在地上形成一层绒毛状的白色菌丝层。高温、高湿是影响腐霉枯萎病的主要因素，当白天最高温 30℃以上，夜间最低温 20℃以上，大气相对湿度高于 85%，且持续 14 小时以上，或者在有降雨的天气，病害就可发生。高氮肥下生长茂盛稠密的草坪最敏感，受害尤重；碱性土壤比酸性土壤发病重。科学养护管理和适时的化学防治是控制病害的主要方法。

8.40 **夏季斑枯病 summer patch** 是夏季发生在冷季型草坪草上的一种严重的真菌病害，尤其是草地早熟禾草坪，最易发生。发病始期，草坪上出现直径约 3~8cm 小凹斑，草株变成灰绿色；斑块逐渐扩大，多呈圆形或马蹄形，一般直径不超过 40cm。在持续高温天气下，病叶迅速从灰绿色变成枯黄色，且多个病斑愈合成片，形成大面积的不规则形枯草斑。病株根部、根冠部和根状茎黑褐色，外皮层腐烂，整株死亡。夏季持续高温，排水不良，土壤板结、紧实，低修剪，频繁浅灌，经常使用砷酸盐除草剂和速效氮肥等因素，都会加重病害的发生。种植抗病草种和品种，科学养护，并及时进行化学防治。

8.41　镰刀菌枯萎病 fusarium blight　是由镰刀菌引起的一种重要的真菌病害。可以侵染草坪草的各个部位，引起苗腐、根腐、颈基腐、叶斑、叶腐、穗腐和枯萎等综合症。叶斑形状不规则，有褐色至红褐色边缘。根、根颈、根状茎和匍匐茎等部位褐色或红褐色，还可由根颈向茎秆基部发展，形成基腐。潮湿时，有白色至淡红色菌丝体和分生孢子团。草坪上在高温干旱条件下，病草枯死形成的枯草斑圆形或不规则形，根部，冠部，根状茎和匍匐茎出现黑褐色的干腐。三年以上老草坪可出现直径达 1m 左右的条形、新月形、近圆形的枯草斑，枯草斑边缘多为枯黄至褐色，中央有未发病的绿色草株，形成典型的"蛙眼"状。镰刀枯萎病是一种受多种因素影响、表现出一系列复杂症状的重要病害，在防治时更应强调"预防为主，综合防治"的原则。

8.42　全蚀病 tallar-all patch　是一种重要的真菌病害。主要危害翦股颖和早熟禾，造成根、根状茎、匍匐茎和根颈腐烂，甚至整株死亡，使草坪形成秃斑。该病以春秋季发病最重。病株矮小变黄，地下部深褐色至黑色腐烂，根颈和茎基部产生黑色菌丝层和黑色点状突起物。患病草坪出现凹陷、圆形、黄褐色至褐色小斑块，斑块扩大并相互连接形成不规则大斑。翦股颖草坪可出现"蛙眼"状病斑。温度、湿度，春、秋季的降雨，是影响病害流行的重要因素，病菌侵染的最适土温为 12~18℃。冬季温暖、春季多雨低温病情加重；营养状况和土壤的 pH 值与发病关系密切；保水保肥差的沙性土壤也会加重病情。该病是一种难防的根部病害，必须采取综合措施。

8.43 **币斑病 dollar spot** 是一种重要的真菌病害。典型症状是在草坪上形成圆形、凹陷、漂白色或稻草色的小斑块，斑块大小从五分硬币到一元银币，因此又称钱斑病或圆斑病。病叶后期可形成与叶片宽度相等的漂白色，边缘黄褐色至红褐色、往往呈漏斗状病斑；清晨有露水时，有白色、棉絮状或蛛网状的菌丝。病害通过风、雨水和流水、工具、人畜活动等方式扩展蔓延，甚至通过高尔夫球手的球鞋和手推车携带传播。当气候条件适宜（温度 15～32℃，潮湿），病害从春末到秋季都可发生。另外，重露、凉爽的夜温，土壤干旱瘠薄，氮素缺乏等因素都可以加重病害流行。科学养护和及时的化学防治是控制病害的重要方法。

8.44 **狗牙根春季坏死斑病 spring dead spot of Bermudagrass** 是狗牙根和杂交狗牙根上的一种重要真菌病害，也危害结缕草。主要发生在秋末、冬季和早春。春季当草坪恢复生长时，表现明显症状，出现边缘清晰、圆形和近圆形的"蛙眼"状枯草斑，直径几厘米至 1m 以上，多个病斑块愈合，造成整个草坪出现不规则形、类似冻死或冬季干枯似的症状。病株根和根状茎严重腐烂，产生深褐色的匍匐菌丝和菌核，患病草株很容易拔起。土壤温度和湿度是影响病害的主要因素，尤其是秋季和春季。选用抗寒品种，科学养护管理和药剂防治是控制病害的关键。

8.45 **雪霉叶枯病 pink snow mold** 主要发生在冷凉多湿地区的春、秋两季的一种真菌病害。引起各种禾草苗腐、叶斑、叶枯、鞘腐、基腐和穗腐等多种症状，以叶斑和叶枯最常见。冷凉、潮湿多雨，偏施氮肥、排水不良、低洼积水、草坪郁蔽、枯草层厚等因素都有利于发病。科学养护管理和适时的化学防治是控制病害的主要措施。

8.46 红丝病 red thread 是一种真菌病害。广泛发生于潮湿、温暖的春秋季节。严重危害翦股颖、羊茅、黑麦草、早熟禾和狗牙根等草坪。尤其是氮肥缺乏的草坪上发病更猖獗。发病叶片和叶鞘上生有红色棉絮状物和红色或橘红色丝状物（叶尖末端向外长出的），清晨有露水或雨天呈胶质肉状，干燥后，变细成线状，故称为红丝病。发病草坪常呈褐色斑驳状。增施氮肥有利减轻病害。

8.47 炭疽病 anthracnose 是由炭疽菌引起的一种重要的真菌病害。危害各种草坪草，以一年生早熟禾和匍匐翦股颖最重，造成根、根颈、茎基部腐烂。病株茎基部和叶片，初为水渍状小病斑，后扩展成红褐色，椭圆形、纺锤形或长条形大斑，病斑上产生小黑点。草坪上出现直径从几厘米至几米、不规则状的枯草斑，斑块呈红褐色—黄色—黄褐色—再到褐色的变化。温度高、湿度大、叶面湿润；土壤偏碱、紧实；缺肥或炎热干旱，氮肥过量；枯草层厚、草屑多等因素都有利于病害的发生。选用抗病草种品种，科学的养护管理和必要的化学防治是控制病害的核心。

8.48 霜霉病 downy molds 是由霜霉菌引起的一种重要的真菌病害，可危害多种草坪禾草。病株矮化萎缩，剑叶和穗扭曲畸形，叶色淡绿有黄白色条纹，草坪上出现黄色小斑块。凉爽潮湿条件下，叶片背面生有白色霉层。病害常在春末和秋季发生。高湿多雨；低洼积水；大水漫灌；土壤板结、通透性差等因素都有利于病害流行。以创造不利于病害发生的环境条件为基础，并辅助于及时的药剂防治。

8.49 锈病 rusts 是一类由锈菌引起的重要的真菌病害。常见的有条锈病、叶锈病、秆锈病和冠锈病，可根据其夏孢子堆和冬孢子堆的形状、颜色、大小和着生特点进一步区分。草坪草种和品种的抗病性是影响病害发生的基本因素，温度、降雨、草坪密度、水、肥等养护管理水平，往往会构成不同年份、不同地块发病程度的决定因素。种植抗病的草种和品种，科学养护管理和及时的化学防治是控制病害的关键。

8.50 **黑粉病 stripe smut** 是一类由黑粉菌引起的禾草病害，以条黑粉病的分布最广，危害最大。其次还有冰草秆黑粉病、鸭茅叶黑粉病（疱黑粉病）等。春、秋季节冷、湿的天气条件最易于病害的发生。种植抗病草种和品种，播种无病种子，适期播种，及时的化学防治可以有效的控制病害。

8.51 **白粉病 powdery mildew** 是由白粉菌引起的一种草坪上常见的真菌病害。主要侵染叶片和叶鞘，也危害茎秆和穗部。病叶有近圆形、椭圆形绒絮状霉斑产生，初白色，后变灰白色、灰褐色，易脱落飘散，后期霉层中形成棕色到黑色的小粒点。以后病叶变黄，早枯死亡。草坪早衰，呈灰白色，像是被撒了一层面粉。品种的抗病性及种植方式，有利的温、湿度，氮肥过多、灌水不当、荫蔽、光照不足、密度大等是影响病害流行的重要因素。种植抗病草种和品种并合理布局，科学管理和及时的化学防治是控制病害的有效方法。

8.52 **草地早熟禾溶失病 melting-out of kentucky bluegrass** 是由德氏霉属（*Drechslera*）病原真菌引起的病害。草地早熟禾植株的各个部位均可发病。首先在叶片和叶鞘上出现椭圆形、水渍状小病斑，以后病斑变为红褐色至紫黑色，周围（病健交界处）有黄色晕圈。病斑沿叶脉平行方向扩展，病斑中央坏死，颜色变为褐色，随后变成白色至枯黄色，叶片脱落。草坪稀疏，瘦弱早衰。潮湿时病斑上生有黑色霉状物。病菌还能侵染根、根颈和茎基部，使之变褐腐烂，形成根腐，造成草坪斑秃。春、秋季的温度、湿度、降雨、结露及其时间的长短，是影响病害流行的重要限制因素。病菌可通过风、雨水、灌溉水、机械或人和动物的活动等传播到健康的叶或叶鞘上。另外，由于种子带菌，在新建植的草坪上还引起烂芽、烂根和苗腐。选用抗病品种和科学养护的基础上，适时进行化学防治。

8.53 **黑麦草网斑病 ryegrass net blotch** 是由德氏霉属（*Drechslera*）病原真菌引起的病害。危害黑麦草、细叶羊茅、高羊茅等禾草。细叶羊茅上引起的叶斑病，出现红褐色、不规则形的小斑点。病斑很快环割叶片，引起黄化并从顶尖开始枯死。严重发病时，草坪上普遍出现很多叶片死亡的褐色枯斑。还可发生根部和冠部腐烂，造成整株枯死。病害主要发生在春、秋两季的潮湿时期。在高羊茅和多年生黑麦草上，引起网纹状的褐色条纹。随着病情发展，网斑汇合形成深褐色的病斑，严重时病叶变黄枯死。草坪早衰，黄化，形成黄褐色或褐色秃斑。

8.54 **翦股颖赤斑病 red leaf spot of bentgrass** 是由德氏霉属（*Drechslera*）病原真菌引起的病害。主要危害匍匐翦股颖、细弱翦股颖、红顶草、普通翦股颖。常发生在高温湿润天气。叶片上病斑细小，褐色至红褐色，环形至卵圆形，扩大后中心黄褐色至枯黄色，多个病斑愈合使草坪呈现红色。病情严重时，叶片枯萎死亡。翦股颖赤斑病和狗牙根环斑病，多在较温暖的气候条件下发生。

8.55 **翦股颖、早熟禾和狗牙根的蛇眼病 zonate eyespot of bentgrass, bluegrass, and bermudagrass** 是由德氏霉属（*Drechslera*）病原真菌引起的病害。主要侵染狗牙根、匍

匍匐翦股颖、普通翦股颖和草地早熟禾。该病通常在 6 月中
下旬首先爆发，8 月末达发病高峰。夏季，发病叶片上首
先出现很小的褐色坏死斑点，随着病斑的扩展，中部逐渐
变为灰白色或淡黄色，周围褐色。在适宜发病条件下，病
斑上会出现多个同心的褐色斑纹，不规则。由于病斑联
合，导致整叶变黄枯萎。

8.56 **离蠕孢叶枯病 bipolaris leaf blotch** 是由离蠕孢属（*Bipo-laris*）引起的一种真菌病害。可以危害多种草坪草，造成
叶斑、叶枯、根腐、颈腐等症状。草地早熟禾和羊茅发
病，叶片和叶鞘开始生有暗紫色至褐色小斑点，后变成长
圆形或卵圆形病斑，病斑中部枯黄色，边缘暗褐色至暗紫
色，外缘有黄色晕圈。多个病斑汇合，病叶变黄或变褐，
由叶尖向基部坏死。潮湿时病斑表面生有黑色霉层。草坪
上出现不规则的枯草斑。肥水管理不良，高湿郁闭，病残
体和杂草多，都有利于发病。

8.57 **狗牙根叶枯病 leaf blotch of bermudagrass** 是由离蠕孢属
（*Bipolaris*）病原真菌引起的病害。主要危害狗牙根。发病
叶片开始出现小的坏死斑，橄榄绿色。随着病斑的扩大，
形成卵圆形或不规则的枯斑，整个叶片黄化枯萎，并逐渐
褪为淡褐色。发病的草坪区域呈现淡黄色，不规则，直径
5mm 至 2~3m 枯草斑。在冬末和春初冷湿天气条件，有利
于叶枯的发生。高温夏季，叶片坏死减少，根冠和根的腐
烂增加。土壤中钾缺乏，会加重叶枯或根冠及根的腐烂。

8.58 **弯孢霉叶枯病 curvularia blight** 是草坪上常见的一种真
菌病害。主要侵染画眉草亚科和早熟禾亚科的禾草，发病
草坪衰弱、稀薄、有不规则形枯草斑，枯草斑内草株矮
小，呈灰白色枯死。病叶产生椭圆形、梭形病斑，中心灰
白色，周边褐色，外缘有黄色晕圈；潮湿时发病处产生黑

色霉状物。30℃左右的高温、高湿条件有利于病害的发生。另外，生长不良，管理不善，潮湿和过量施用氮肥、枯草层厚等因素均有利病害的发生。

8.59 云纹（叶）斑病 rhynchosporium leaf spot 又称喙孢霉叶枯病。主要危害羊茅、早熟禾、鸭茅、黑麦草和翦股颖等多种草坪草的叶片、叶鞘，尤以黑麦草受害最重。病菌喜冷凉，春、秋为发病高峰。病叶呈开水烫似的水浸状，梭形或长椭圆形病斑，病斑边缘深褐色，两端有与叶脉平行的深褐色坏死线，中间枯黄色至灰白色。病斑上有霉层。后期多个病斑汇合呈云纹状，病叶常由叶尖向基部逐渐枯死。由于草株成片死亡，使草坪出现秃斑。病原菌喜冷凉，寄生专化性强，品种间抗病性有明显差异。草坪管理不当，修剪不及时，都会使病情加重。

8.60 灰斑病 gray leaf spot 是一种主要危害钝叶草、狗牙根，也严重危害假俭草、雀稗、翦股颖、羊茅和黑麦草等禾草的真菌病害。受害病叶和茎上出现细小的褐色斑点，后迅速增大，形成圆形至长椭圆形的病斑。病斑中部灰褐色，边缘紫褐色，周围或附近有黄色晕圈，病斑两端有延伸的褐色线条，称坏死线。天气潮湿时，病斑上有灰色霉层。严重发病时，病叶枯死。整个草坪呈枯焦状，如遭受严重干旱状。高温、多雨、湿度大或过度使用氮肥、干旱、土壤板结、除草剂使用不当等都可加重病情。科学养护管理和及时的化学防治是控制病害的核心。

8.61 铜斑病 copper spot 主要侵染翦股颖、狗牙根、结缕草及其他早熟禾亚科的禾草，其中以翦股颖受害最重。病叶上生有红色至褐色小斑，多个病斑愈合使整个叶片枯死。天气潮湿时，有白色菌丝体和很多桔红色的小点，清晨有露水时观察是胶质状的。发病草坪上出现分散的、直径 2～

7cm，近似环形、橘红色至铜色的斑块。高温、高湿、多雨的湿热气候，偏施氮肥，酸性土壤（pH 值低于 5.5）等都可造成病害的发生。避免过量使用氮肥，增施磷钾肥和有机肥，改良土壤，使 pH 值维持在 7.0 或略高，有利于减轻病害。

8.62 **黑孢枯萎病 nigrospora blight** 是一种主要危害草地早熟禾、多年生黑麦草、紫羊茅，也危害钝叶草的真菌病害。草地早熟禾上，病叶多由叶尖向下至叶鞘，出现长梭形或不规则形病斑，病斑中部青灰色，边缘紫色至红褐色，病斑环割叶片后病斑以上的部分，卷曲，呈黄褐色枯萎。高湿条件下病部产生浓密白色菌丝。病株多在草坪上散生，严重发病时，大面积草坪均匀枯萎，出现直径为 10~20cm 界限分明的斑块。夜间浓雾、降雨可造成病害严重发生。精心管理，种植抗病品种，适时进行药剂防治。

8.63 **尾孢叶斑病 cercospora leaf spot** 是一种主要危害翦股颖、狗牙根、羊茅、钝叶草等禾草的真菌病害。初期叶片和叶鞘上出现褐色至紫褐色、椭圆形或不规则形病斑，病斑沿叶脉平行伸长。后期病斑中央黄褐或灰白色，潮湿时有灰白色霉层和大量分生孢子产生。严重时病叶枯黄死亡，使草坪变得稀疏。该病在生长季节以分生孢子借风雨传播，发生多次再侵染。防治上要求精细管理，尽量降低草坪湿度，保持通风。必要时喷施杀菌剂。

8.64 **壳针孢叶斑病 septoria leaf spot** 是早熟禾亚科上多种禾草上常见的一类真菌病害。主要危害叶片，产生卵圆形、椭圆形至梭形病斑，病斑颜色灰色至褐色。严重时叶片上部褪绿变褐死亡。有时，在老病斑上产生黄褐色至黑色的小粒点。受害草坪稀薄，呈现枯焦状。

8.65 **壳二孢叶枯病 ascochyta leaf blight** 危害各种禾本科草坪

草，典型症状是叶枯。病叶常从叶尖开始枯死，向基部延伸，使整片叶受害。有时叶片中部出现细小的褪绿斑和深色斑，病斑逐渐扩大成为不规则形的灰白色大斑，边缘褐色，多个病斑汇合环割叶片使病叶枯死。后期在病斑上产生黄褐色、红褐色至黑色的不同颜色的小粒点。草坪呈现均匀枯萎状，局部发病严重处出现枯黄色斑块。

8.66 **褐条斑病 brown stripe** 是一种真菌病害。发病叶片、叶鞘上，产生小斑点，巧克力色，中间灰白色。随着病斑不断增大，病斑沿叶脉之间和叶鞘伸长而形成长条斑，条斑上有成排的小黑粒点。常在春秋两季低温潮湿时发病，尤其是春秋降雨多时，病害就更严重。夏季干热病情会受到抑制。

8.67 **禾草黑痣病 grasses tar spot，black leaf spot** 广泛分布于世界各地的真菌病害。可危害大多数禾本科草坪草，如早熟禾、黑麦草、高羊茅、狗牙根等。病叶上下表面出现小的、黑色、圆形至卵圆形的黑痣状病斑。病斑周围有褪绿的晕圈，随病斑扩大，晕圈消失。发病严重时草坪呈现黄绿斑驳或亮黄色景象。

8.68 **白绢病（南方枯萎病）southern blight（sclerotium blight）** 是一种重要的真菌病害。主要危害翦股颖、羊茅、黑麦草、早熟禾等多种禾本科和阔叶草坪草。病株叶鞘和茎上出现不规则形或梭形病斑，茎基部产生白色棉絮状菌丝体，叶鞘和茎秆间有时亦有白色菌丝体和菌核。发病草坪开始出现圆形、半圆形黄色枯草斑，以后枯草斑边缘病株呈红褐色枯死，中部草株仍保持绿色，使枯草斑有明显的红褐色环带。在枯草斑边缘枯死植株上以及附近枯草层上，生有白色絮状菌丝体和白色至褐色菌核。高温、高湿多雨、土壤有机质含量高、低洼积水等因素都有易于病害流行。适时清除枯草层，提高土壤通气性，加强水肥管理和必要的化学防治都可有效的控制病害。

8.69　黏菌 slime molds 可在任何草坪草上出现。典型症状是在草坪冠层上突然出现圆形至不规则形状的，白色、灰白色或紫褐色犹如泡沫似庖块。黏霉菌虽不寄生草坪草，但由于遮盖草株叶片，影响光合作用，而使草株瘦弱，叶片变黄，也易被其他致病菌感染。凉爽潮湿的天气有利于游动孢子的释放，而温暖潮湿的天气有利于变形体向草的叶鞘和叶片移动。丰富的土壤有机质有利于黏霉病害的发生。

8.70　蘑菇圈（仙环病）fairy ring（fairy ring fungus） 春末夏初，潮湿的草坪上可出现环形或弧形的深绿色或由生长迅速（长疯了）的草围成的圈。疯长的草形成的环，宽 10~20cm。在疯长的草圈内草株生长弱或停止不长或枯死。有时候在死草圈里又出现由疯长的草形成的次生圈。当土壤干旱时，特别是在秋季，最外层疯长的草圈可能消失，使得最外层圈里的草死亡而内层圈草疯长；在温和天气，降雨或大水漫灌之后，病菌可在外层疯长的草圈上长出蘑菇。一般沙壤土，低肥和水分不足的土壤上病害严重。浅灌溉，浅施肥，枯草层厚，干旱都有利于病害的发生。土壤熏蒸（移走草坪后进行）；换土等；及时清除枯草层；深灌、透灌水，拔除蘑菇；打孔后用百菌清、粉锈宁等药剂浇灌。

8.71　线虫病害 nematode disease 是一类由线虫引起的病害。危害所有草坪草，造成草株矮小、瘦弱，生长停滞，褪绿黄化，严重时枯萎死亡。根系生长受到抑制，根短、毛根多或根上有坏死斑、肿大、卷曲或形成根结。草坪常呈环形或不规则形状的枯草斑块。由于线虫危害造成的症状常与干旱，缺肥和其他逆境等所表现的症状混淆，因此，除症状识别外，必须结合土壤和草株根部取样检测。适宜的土壤温度（20～30℃）和湿度，枯草层和沙质土壤是适合线虫繁殖的有利环境。采取植草前的土壤熏蒸，精心的养护管理和必要时的药剂防治可以有效地控制病害。

8.72 病毒病害 virus disease 是由病毒引起的一类病害。其中钝叶草衰退病（SAD）是非常重要的一种病毒病害。病株叶片出现褪绿的斑驳或花叶症状，第二年斑驳变得更严重，第三年病株死亡，造成草坪稀疏，出现斑秃，斑秃内常被杂草侵占，时间越长，症状就越严重，草坪迅速衰退。种植抗病草种是防治病毒病的根本措施。治虫防病是防治虫传病毒病的有效措施。

8.73 细菌性萎蔫病 bacterial wilt 是由细菌引起的一种最重要病害，其次冰草和雀麦属草的褐条斑病，羊茅、黑麦草和早熟禾等属草的晕枯病。病叶可出现以下 3 种症状：①开始出现小的黄色病斑，并很快愈合形成长条斑，叶片变成黄褐色至深褐色；②出现散乱的很大的、深绿色的水渍状病斑，病斑迅速干枯死亡；③出现细小的水渍状病斑，病斑不断扩大，变成灰绿色，然后变成黄褐色或白色，最后死亡。无论哪种症状，潮湿条件下，病斑处会有菌脓溢出。大雨、灌溉水流或持续降雨，尤其是持续降雨之后出现的高温暴晒天气，极有利于病害的爆发。种植抗病品种并采取多品种混合种植是防治细菌萎蔫病害的关键措施。

8.74 植原体病害 mycoplasma-like organism 是一类由植原体病原生物引起的病害。主要引起黑麦草、冰草紫菀黄化病和结缕草黄矮病。黑麦草紫菀黄化病在病株上产生黄色或红色斑驳，矮化不明显，分蘖不减少。一年生黑麦草发病显症，但多年生黑麦草带毒则不显症。黄矮病表现叶片褪色，矮化，丛生呈扫帚状。防治传毒昆虫可以控制病害。

四环素处理也可起到暂时抑制植原体病害的作用。

8.75 **狗牙根白叶病 white leaf of bermudagrass** 是一类由螺原体（*Spiroplasma citri*）的病原生物引起的病害。主要危害狗牙根。通常发生在春季、夏季和初秋。病株不长矮化，上部节间缩短，使叶片聚集在茎基部，呈"鬼帚"状。病叶多为单个病斑，最初表现灰黄色，逐渐呈特殊的暗白色，比正常叶片稍宽稍平。造成草坪早衰，但不会致草坪严重稀疏或死亡。通过防治介体昆虫控制病害，是目前有效的方法。

8.76 **禾草腥黑穗病 grass bunt** 是我国的检疫性病害。可以侵染雀麦属、羊茅属和早熟禾属等。羊茅草罹病后矮化，花序、小花都变短，较易识别，黑色的病粒在颖片内很明显，并从内外稃间突出，不易脱落，罹病的雀麦草与健株最显著的差别是花序稍紧密，小穗变宽，病粒包裹在内外稃之中很饱满，而健株种子较细长。病菌孢子通过种子或土壤传播。秋季温湿度适宜时孢子萌发，侵染出土的寄主幼苗，使之发病。严格履行检疫法，绝对杜绝从病区引种，严格进行种子检验。

8.77 **翦股颖粒线虫病 bentgrass nematode** 是我国的检疫性病害。主要危害各种翦股颖草及其他禾本科草坪草。病种子和植物病残组织是该线虫的传播源。病害的远距离传播主要借助于病种子的调运，而中、近距离扩散则是由于沾染有虫瘿的农机具、衣、靴等的运作以及病区风和水的运动。严格履行检疫法。绝对杜绝从病区引种，严格进行种子检验。

（二） 虫害

8.78 昆虫 insect 属于节肢动物门昆虫纲。种类繁多，共同特征是身体分头、胸、腹三段；头有 1 对触角，1 对复眼，有的还有 1～3 个单眼；胸部有 3 对足，2 对翅；腹部有节，末端生有外生殖器，有的还有 1 对尾须。

8.79 螨 acarinids 属于节肢动物门蛛形纲，其特征是，身体分头胸部和腹部 2 个体段，有 4 对足，无翅，无触角。

8.80 害虫 insect pest 危害农业、林业、草业、家畜以及人类健康的昆虫，如蝗虫、黏虫、蚜虫等。

8.81 天敌昆虫 natural enemy insect 食虫性昆虫称为天敌昆虫。可分为捕食性天敌昆虫，如瓢虫；寄生性天敌昆虫，如寄生蜂。

8.82 口器 mouthparts 昆虫的取食器官，可分为两种基本类型，即咀嚼式口器和吸吮式口器。除咀嚼式以外的其他各种形式的口器如：吸吮式、刺吸式、虹吸式、舔吸式以及中间类型的咀吸式口器都是由咀嚼式口器演化而来。

8.83 咀嚼式口器 chewing mouthpart 适于嚼碎并取食固体食物的一类口器。具这类口器的害虫能将草坪草的根、茎、叶等组织吃掉，使叶片、茎秆出现缺刻、孔洞，甚至被切断，使根部切断或撕裂，如蝗虫、蛴螬等。

8.84 刺吸式口器 piercing-sucking mouthpart 能刺破植物组织并从中吸取汁液的一类口器。具这类口器的害虫，可刺入草坪植物体内，吸食汁液，使茎叶产生褪绿斑点、条斑、扭曲、虫瘿，甚至传播病毒造成草株畸形、矮化等，严重时可引起植株萎蔫死亡，如蚜虫、叶蝉等。

8.85 胸足 thoracic foot 昆虫胸节侧腹面着生的成对分节附肢，

按在胸节的次序分前足、中足和后足。常见的类型有：步行足如步行虫、椿象等；跳跃足如蝗虫、蟋蟀等；捕捉足螳螂、猎蝽等；开掘足如蝼蛄、金龟甲等，还有游泳足、携粉足、抱握足等。

8.86　变态 metamorphosis　昆虫从幼虫发育为成虫过程中所经历的一系列外部形态和内部器官的变化。可分为不全变态和全变态两种类型。不全变态：具有卵、若虫、成虫 3 个虫期，如蝗虫、蜻类、蚜虫等；全变态：具有卵、幼虫、蛹、成虫 4 个虫期，如金龟甲、蛾、蝶、蜂、蝇等。

8.87　幼虫 larvae　全变态昆虫自卵孵化后至化蛹前的虫态，但通常也包括不全变态的若虫。

8.88　蜕皮 ecdysis　昆虫幼虫将束缚过紧的旧表皮脱去，重新形成新表皮的这种现象。幼虫每蜕一皮，虫体的质量、长度、宽度、体积都显著增大，在形态上也会发生相应的变化。

8.89　虫龄 instar of larvae　以蜕皮次数表达昆虫幼虫期的生长阶段。如第一次蜕皮前的幼虫称为一龄，以后每蜕皮一次增加一龄，两次蜕皮的间隔期称为龄期。

8.90　世代 generation　昆虫自卵开始至性成熟为止的个体发育周期，称为一个世代，简称一代。

8.91　趋光性 phototaxis　昆虫对光源刺激产生定向运动的行为习性，包括正趋光性和负趋光性。

8.92　趋化性 chemotaxis　昆虫对化学物质刺激产生定向运动的行为习性。主要由化学感受器接受信息产生行为反应，包括对引诱化学物的正趋性和拒避化学物的负趋性。

8.93　趋触性 thigmotaxis, stereokinesis　昆虫接触物体刺激后，抑制自身运动的行为习性。主要指生活在土壤、卷叶或狭缝内的昆虫或群集性昆虫，体躯两侧或背面接触物体或其他个体所产生的静止行为。

8.94 **经济阈值 economic threshold，ET** 害虫种群数量增至造成植物经济损失而必须防治时的种群密度临界值，又称防治阈值（control threshold，CT）或防治指标。

8.95 **灯光诱杀 light trap** 利用害虫的趋光性，设置各类光源诱杀害虫的一种物理防治方法。

8.96 **食饵诱杀 bait trap** 利用拌有农药的食物作为饵料，以诱杀害虫的方法。

8.97 **杀虫剂 insecticide** 以昆虫为防治对象的一类农药。一般通过胃毒、触杀、熏蒸、驱避、残留接触及内吸等作用方式杀死或控制害虫危害。

8.98 **胃毒作用 stomach action** 在昆虫取食时随食物进入消化道，被胃吸收，破坏昆虫消化系统的正常生理功能，使昆虫中毒死亡。

8.99 **触杀作用 contact action** 杀虫剂直接接触虫体，或者喷洒在作物表面，害虫活动时接触到药剂，药剂从害虫表皮或感觉器官渗入虫体内，随血液循环到达作用部位，使昆虫中毒。

8.100 **内吸作用 systemic action** 药剂被植物的根、茎、叶吸收进入到植物体内后，随体液输到其他部分，在一定时间内杀死取食害虫。

8.101 **拒食作用 antifeeding** 使害虫产生厌食效应饥饿而死。

8.102 **引诱作用 attractaon** 一些化学物质引诱害虫前来取食、交配或产卵，这类物质称为引诱剂。引诱剂大多分为3类：取食引诱剂、产卵引诱剂和性引诱剂。

8.103 **忌避作用 repelling** 一些化学物质挥发的气体物质，在一定范围内能刺激昆虫的嗅觉器官，使只作出离开或逃避的行为反应。

8.104 **不育剂 chemosterilant** 生物中由于环境因素的影响导致雌性或雄性生殖器官发育不全，或交配行为失调，从而不能正常生育的生理现象。

8.105 **害虫抗药性 insects resistance to insecticides** 在昆虫一个品系中形成的对毒物剂量的忍受能力。

8.106 **交互抗药性 cross resistance** 一个昆虫品系或病菌对用作选择性药剂以外的其他杀虫剂产生的抗药性。

8.107 **地下害虫 soil insect pests** 又称土壤害虫。以成虫或幼虫（若虫）在土壤内危害植物的根、茎、种子及靠近地表面嫩茎的一类害虫的统称。如蛴螬、蝼蛄、金针虫、地老虎等。

8.108 **蛴螬 grubs** 金龟甲幼虫的统称。鞘翅目，金龟子总科。其身体肥大，体白或淡黄色，柔软多皱，多弯曲呈 "C" 字形；头大而圆，黄褐色或红褐色，胸、腹部乳白色或淡黄色；3 对胸足发达，腹部 10 节，其中以臀节最发达。共 3 龄，均栖息在土中。对草坪有春、秋两个危害高峰。取食萌发的草坪种子，造成缺苗；或咬断草根、根茎部，造成地上部叶片发黄、萎蔫、甚至枯萎死亡，致草皮很容易被大片掀起，成片死亡。利用黑光灯诱杀成虫，在防治指标的指导下作好化学防治。

8.109 **蝼蛄 mole-crickets** 直翅目，蝼蛄科。该虫为昼伏夜出型昆虫，以 21：00～23：00 活动最盛。喜欢在温暖潮湿的壤土或沙壤土中生活。土壤温度对其活动影响很大，一年中有春、秋两个危害高峰。成虫、若虫均危害，一种是在土中咬食刚发芽的种子、幼根和嫩茎，把茎秆咬断或撕成乱麻状，使草株枯萎死亡；另外，在表土层穿行，掘出纵横隧道，咬断根或掘走根周围的土壤，使根系吊空，造成草株干枯死亡。主要采取人工灭卵，物理、化学和生物等多种方法控制危害。

8.110 金针虫 wireworms 叩头虫科幼虫的总称，鞘翅目，叩头虫科。主要以春、秋危害最重。主要以幼虫在土壤中危害，咬食种子、幼苗和根、也包括须根、主根和分蘖节，还可以钻蛀到草株根状茎内，致使草株枯萎死亡，草坪稀疏，甚至出现不规则的枯草斑块。科学养护为基础，辅助于适时的化学防治。

8.111 地老虎 cut worms 鳞翅目，夜蛾科。成虫喜昼伏夜出活动，有很强的趋光性和趋化性。1~2龄幼虫昼夜活动；3龄以上幼虫夜出活动。主要以幼虫危害为主，咬食叶、茎造成孔洞和缺刻或咬断近地面茎部，使整株枯死，造成草坪稀疏，出现大片斑秃。该虫喜欢温暖潮湿的环境。小地老虎春季危害最重，黄地老虎春、秋两季都危害。以第1代为防治重点，利用物理、化学和人工捕捉等多种方法。

8.112 拟地甲 darkling beetles 统称沙潜。鞘翅目，拟步甲科。成虫食性杂，以取食草坪嫩叶为主，幼虫多在4cm以上土层栖息活动，可取食嫩茎、嫩根也能钻入根颈内取食，造成草株枯萎死亡。成虫活跃善飞，趋光性强，早春3~4月危害最盛；幼虫5月危害最盛。杨树枝诱捕成虫效果明显。

8.113 根土蝽 grass-root stink bug 半翅目，土蝽科。其成虫、若虫均刺吸草株根部汁液，破坏幼根，使植株早枯或黄瘦、矮小，生长缓慢或停滞，甚至死亡。它还可分泌臭液，污染草坪和空气。4~9月是主要危害期。该虫喜欢在10cm湿润土层中栖息。由于根土蝽主要危害禾本科草坪草，在发生持续严重地区可改种其他种类草坪草。

8.114 蝗虫 locusts 直翅目，蝗虫科。成虫、若虫（蝗蝻）均咬食草坪草的叶片和嫩茎，造成缺刻，大发生时可将草株食成光秆或全部吃光。虫一般每年发生1~2代，绝大多数以卵块在土中越冬。冬暖或雪多的条件下，地温较高，利于蝗虫越冬。春季温度高，卵发育快，孵化早；秋季气温高，有利于成虫繁殖危害。充分保护和利用天敌，及时进行药剂防治。

8.115 **黏虫 armyworms** 鳞翅目，夜蛾科。是一种重要的草坪害虫，一年发生多代，具有随季风长距离的南北迁飞习性。成虫有较强的趋化性和趋光性。幼虫仅食叶肉，形成小圆孔，3龄后形成缺刻，5~6龄可将叶片吃光，甚至吃光整片草坪。有假死性，可群集迁移危害。黏虫喜欢凉爽、潮湿、郁闭的环境，高温干旱对其不利。要充分保护和利用天敌，结合黑光灯或糖醋液诱杀和药剂防治。

8.116 **夜蛾 noctuid** 鳞翅目，夜蛾科。是一种暴食性害虫，取食叶片和根部，严重时可吃光整个叶片，使草坪草成片枯死，且排泄大量的粪便污染草坪。该虫喜温暖潮湿环境，7~10月有利于发生，而以8、9月危害最重。成虫昼伏夜出，飞翔能力强，有很强的趋化性和趋光性。初孵幼虫群集叶片背面，取食叶肉；2龄后分散危害，傍晚出来取食，有假死性。用黑光灯、糖醋液诱杀成虫，幼虫3龄前进行喷药防治。

8.117 **草地螟 meadow moth beet webworm** 鳞翅目，螟蛾科。是一种重要的草坪害虫，成虫昼伏夜出，趋光性很强，有群集远距离迁飞习性。初孵幼虫取食叶肉，残留表皮，3龄后食量大增，将叶片吃成缺刻、孔洞，仅留网状叶脉甚至造成光秃。高温多雨年份易于发生。清除田埂、道旁杂草，人工拉网捕捉和药剂防治。

8.118 **蚜虫 aphid** 同翅目，蚜科。种类多分布广。多聚集在植株的幼嫩部位，以刺吸汁液，使草株生长矮小，叶子卷缩、变黄，严重时全株枯死。除此之外还能传播病害，其排泄的蜜露会引发霉菌、污染草坪，还可招引蚂蚁，进一步危害。该虫1年可发生多代，温度在15～22℃，相对湿度在75%以下，为其最适宜的温湿度组合。清除杂草，减少虫源；保护和利用天敌，必要时进行化学防治。

8.119 **叶蝉 leafhopper** 同翅目，叶蝉科。以成虫、若虫群集叶背及茎秆上，刺吸汁液，使植株生长发育不良，叶片受害后，多褪色呈畸形卷缩现象，甚至全叶枯死。还能传播病毒。该虫1年发生多代，成虫性活泼、能跳跃与飞行，喜横走，若虫形态与成虫相似，但体较柔软，色淡，无翅或只有翅芽，不太活泼。利用黑光灯诱杀成、若虫，盛发期进行药剂防治。

8.120 **飞虱 delphiacis** 同翅目，飞虱科。成虫、若虫均集聚在茎叶基部，刺吸其汁液，形成不规则的褐色条斑，叶片自下而上逐渐变黄，草株萎缩，成丛或成片被害，严重时草株下部变黑枯死，造成草坪稀疏或出现斑秃。还能传播病毒。一般1年发生多代，从北向南代数逐渐增多，世代重叠现象明显。

8.121 **蓟马 thrips** 缨翅目，蓟马科。其成、若虫锉吸草株幼嫩部位，使其生长缓慢，停滞、萎缩，卷曲以至枯死。由于蓟马将卵产于主叶脉和叶肉中，若虫孵化后，使叶片呈现褐色斑点，甚至逐渐枯黄，造成草坪成片枯萎死亡；生长点被害后发黄凋萎，导致顶茎不能继续生长及开花。清除田边杂草，灌水将虫冲入土中窒息死亡，发生量大时可进行药剂防治。

8. 122 **螨类 mite** 蜱螨目。危害草坪的各种螨类1年发生2～4代或更多代。除两性生殖外还能孤雌生殖。其种群数量与温度、光照、营养、湿度和降雨密切相关，其中温度影响最大。草株被螨取食后，叶片上产生斑点，变褐、变黄；或受损叶片由于缺少叶绿素而带银色。受害组织在风吹日晒下易死亡，看似冬季因失水而死。适时浇水，选用抗性品种和药剂防治。

8. 123 **盲蝽 mirid** 半翅目，盲蝽科。其成虫飞翔能力强，行动活泼，昼夜均可危害，有趋光性，白天尤怕阳光照射，喜在较阴湿处活动取食。成虫和若虫均以刺吸口器吸食嫩茎、叶和生长点，先出现褪绿变黄的小斑点，以后病斑扩大并呈灰白色或枯黄色，叶片皱缩，逐渐枯萎死亡。若虫期药剂防治效果明显。

8. 124 **蝽类 bug** 半翅目，主要是指除盲蝽科、土蝽科以外的蝽科和缘蝽科害虫。这类害虫以若虫和成虫刺吸草株叶片、茎秆汁液，造成植株受害，叶色变黄，植株矮缩。若心叶受害，则不能正常生长，甚至枯萎死亡。冬春期间清除草坪附近杂草，以减少虫源；若虫孵化盛期，及时用药防治。

8. 125 **秆蝇 stem fly** 双翅目，秆蝇科。瑞典秆蝇，麦秆蝇是危害草坪主要种类，均以幼虫危害。初孵幼虫取食心叶基部及生长点，使心叶外露部分干枯变黄，形成枯心苗。严重发生时草坪草可成片枯死，造成斑秃。对草坪种子产生的影响较大，使其不能正常抽穗，或形成烂穗、"白穗"。选用抗性草种品种，第一代幼虫是药剂防治的重点。

8. 126 **野蛞蝓 grey field slug** 软体动物门腹足纲柄眼目蛞蝓科。以齿舌刺刮叶片食叶肉，留下表皮或咬成小洞，稍大后可用唇舌刮食叶茎，造成大的孔洞和缺刻，甚至将叶片吃光或将草株咬断，造成草坪稀疏；排出的粪便和爬行过的地方留下黏液污染草坪，造成病菌侵入发病。该虫喜欢潮湿阴暗。身体柔软，暗灰色或灰红色或黄白色，有2对触角，能伸缩。有腺体能分泌黏液。可全年繁殖危害，以春、秋最盛，危害也最重。施氨水、撒石灰粉或用茶枯饼毒杀。

8.127 蜗牛 snail 软体动物门腹足纲柄眼目巴蜗牛科。初孵幼虫仅食叶肉，留下表皮；稍大后用齿舌刮食叶、茎，造成孔洞或缺刻，严重时将植株咬断，造成草坪稀疏甚至斑秃。幼虫和成虫都喜欢阴湿环境，雨水较多时可昼夜活动危害。以足部肌肉的伸缩爬行，分泌黏液，黏液遇空气便干燥发亮，爬过的地方留下黏液的痕迹。清洁杂草，施氨水、撒石灰粉或用茶枯饼毒杀。

8.128 马陆 diplopod 多足纲倍足类的通称。体呈圆桶形或稍扁平，由20～100个体节组成，每一体节有2对行动足。体茶褐色，每一体节有浅白色环带，全体有光泽。初孵化的幼体白色、细长、经几次蜕皮后，体色逐渐加深。该虫喜欢阴湿环境。一般生活在草坪土表、土块或土缝内，白天潜伏晚间活动危害。受到触碰时呈假死状。主要咬食草坪草的嫩根、嫩茎、嫩叶。清除草坪上的土、石块等杂物和必要时的药剂防治。

8.129 蚯蚓 earthworm 俗称曲蟮。环节动物门寡毛纲的通称。体多柔软，呈长圆柱形。自数毫米到1m余长不等。头部退化，无疣足，刚毛着生在环节上。直接发育无幼虫期。蚯蚓生活在草坪土壤中，取食土中的有机质、草坪枯叶、根等，夜间爬出地面，将粪便（主要是泥土）排泄在地面，在草坪上形成许多凹凸不平的土堆，影响草坪景观。

可用药剂喷雾或灌根。

8.130 **鼠 rat，mouse** 哺乳纲，啮齿目，鼠类动物。它们不仅食草坪地下根茎，在挖巢筑穴及地下行走时，造成平整的坪床拱起，吊空草坪根系，致使草坪干枯死亡。用诱捕器械或毒饵诱杀。

8.131 **蛹 pupa** 全变态类昆虫幼虫变为成虫所经历的一个静止不食的虫态。

8.132 **羽化 emergence** 有翅昆虫成虫从前一虫态蜕皮而出的过程。

8.133 **休眠 dormancy** 昆虫借以度过不良环境的一种生活方式。

（三）杂草

8.134 **一年生杂草 annual weed** 在一年或一个生长季节内完成生活史的一类杂草，如藜、扁蓄、马唐等。

8.135 **二年生杂草 biennial weed** 经过两年或至少两个生长季节而完成生活史的一类杂草，如黄花蒿、荠菜、看麦娘等。

8.136 **多年生杂草 perennial weed** 个体寿命两年以上的一类杂草，如狗牙根、芦苇、苣荬菜等。

8.137 **双子叶杂草 dicotyledonous weed** 种子具有 2 片子叶的一类杂草，如苋菜、藜等。

8.138 **单子叶杂草 grasslike weed** 种子具有 1 片子叶的一类杂草，如稗草、蟋蟀草等。

8.139 **禾本科杂草 gramineal weed** 单子叶植物，叶片狭长，叶脉平行，无叶柄，茎圆或扁形，分节，节间中空，如稗、狗尾草等。

8.140 **莎草科杂草 cyperaceous weed** 单子叶植物，多年生，少数为一年生，常丛生或有匍匐根状茎，叶与禾本科杂草相似，但叶片表层有蜡质层，光滑。茎实心，三棱形不分节，如香附子、异型莎草。

8.141 **杂草覆盖度 weeds covering degree** 又称为杂草盖度。单位面积内杂草所覆盖的面积。一般采用目测法测定。

8.142 **化学除草效果 chemical herbicidas effect** 衡量使用除草剂后对草坪杂草防除效果的指标。通常以杂草株数增长率或杂草质量的比值表示。

8.143 **选择性除草剂 selective herbicides** 根据除草剂作用方式划分的一类除草剂。此类除草剂在不同的植物间具有选择性。

8.144 **灭生性除草剂 sterilant herbicides** 又称为非选择性除草剂。这类除草剂对植物缺乏选择性或选择性小。

8.145 **内吸性除草剂 systemic herbicides** 又称为传导性除草剂。指被植物吸收并在体内传导输送后，发挥除草作用。

8.146 **触杀性除草剂 contact herbicides** 与植物体接触后，不能在植物体内输导，仅能使接触部位或周围细胞受害死亡。

8.147 **时差选择性 timing differece selectivity** 利用杂草与草坪草生育期的差别，以达到防除草坪杂草的选择性方法。

8.148 **位差选择性 depth-difference selectivity** 利用草坪草与杂草根系在土壤中分布深度的不同，所形成的选择性。

8.149 **生理选择性 physiological selectivity** 利用草坪草与杂草生理活动的差异，对药剂产生不同反应的选择性。

8.150 **生物化学选择性 biochemical selectivity** 利用草坪草与杂草在代谢过程中对除草剂的生物化学反应差异所形成的选择性。

8.151 **属间选择性 intergeneric selectivity** 同科不同属的植物，对药剂的生理、生化反应不同而形成对药剂的选择性。

8.152 **马唐 [*Digitaria sanguinalis*（L.）Scop.] common crabgrass** 禾本科马唐属一年生草本植物。草坪上重要的杂草。茎秆倾斜或横卧，着土后节易生根。叶片条状披针形。春末夏初萌发，喜温湿和光照充足的条件。

8.153 **狗尾草 [*Setaria viridis*（L.）Beauv.] green bristlegrass** 禾本科狗尾草属一年生草本植物。发芽晚，常见于新播的草坪。茎秆直立或基部曲膝，有分枝，近基部叶片上有茸毛。

8.154 **牛筋草 [*Eleusine indica*（L.）Gaertn.] goosegrass** 又称蟋蟀草。禾本科蟋蟀属一年生草本植物。须根稠密发达，入土深很难拔除。秆扁，丛生。叶条形，叶鞘压扁具脊。

8.155 **稗 [*Echinochloa crusgalli*（L.）Beauv] barnyardgrass** 禾本科稗属一年生草本植物。秆直立或斜生，下部节上还会长出分蘖，无毛。叶条形，中脉灰白色，叶鞘光滑，无叶舌。

8.156 **野燕麦 (*Avena fatua* L.) wild ort** 禾本科燕麦属一年生草本植物。秆直立，光滑。叶片阔条形，叶鞘松弛，叶舌透明膜质。

8.157 **早熟禾 (*Poa annua* L.) annual bluegrass** 禾本科早熟禾属一年生或二年生草本植物。其中一年生早熟禾常成为草坪的主要杂草。茎秆柔软；叶鞘光滑无毛；叶片柔软，顶端船形。

8.158 **看麦娘 (*Alopecurus aequalia* Sobol.) shortawn foxtail** 禾本科看麦娘属一年生或二年生草本植物。茎秆直立或基部曲膝。秆单生或丛生。叶线形，灰绿色，叶鞘光滑，叶舌膜质。

8.159 棒头草（*Polypogon fugax* Nees. ex Steud.）**rabbitfoot polypogon** 禾本科棒头草属一年生草本植物。秆丛生，直立或基部曲膝，节上生根。叶条状披针形，叶鞘短于节或稍长；叶舌抱茎，干膜质。

8.160 千金子［*Leptochloa chinensis*（L.）Nees.］**Chinese sprangletop** 禾本科千金子属一年生草本植物。秆丛生，基部常曲膝倾斜。叶条状披针形，叶鞘无毛，叶舌多撕裂具小纤毛。

8.161 白茅［*Imperata cylindrica*（L.）Beauv.］**cogongrass** 禾本科白茅属多年生草本植物。茎秆直立，丛生，根状茎发达，节上有柔毛。叶片扁平无毛，线状披针形，主脉明显突出于背部。

8.162 芦苇（*Phragmites communis* Trin.）**common reed** 禾本科芦苇属多年生草本植物。根状茎粗壮，匍匐地下，纵横交叉。茎直立，有节，节上有白粉。叶鞘圆桶形，叶片宽披针形或阔条形。

8.163 双穗雀稗［*Paspalum paspaloides*（Michx.）Scribn.］**knotgrass** 禾本科雀稗属多年生草本植物。具根状茎和匍匐茎。节上易生根。叶片条形或条状披针形，质地柔软。

8.164 香附子（*Cyperus rotundus* L.）**nutgrass galingale** 莎草科莎草属多年生草本植物。通过种子、根茎和小而硬的地下球茎繁殖。常通过其三棱茎和茎的颜色来鉴别。

8.165 播娘蒿［*Descurainia sophia*（L.）Schur.］**flixweed tansymustard** 十字花科播娘蒿属一年生或越年生草本植物。茎直立，多分枝，密生灰白色绒毛。叶二回至三回羽状深裂，背面多毛，下部叶有柄，上部叶无柄。

8.166 **荠菜** ［*Brassica juncea*（L.） Czern. et Coss.］ **shepherds purse** 十字花科荠属一年生或二年生草本植物。茎直立，有分枝，全株被白色的分枝毛。基生叶丛生，平铺地面，分裂；茎生叶不分裂。

8.167 **独行菜**（*Lepidium apetalum* Willd.） **garden cress** 十字花科独行菜属一年生或二年生草本植物。主根白色，有辣味。茎直立多分枝，全株具腺毛。根叶簇生呈莲座状，基生叶窄匙形，茎生叶条状，有疏齿或全缘。

8.168 **藜**（*Chenopodium album* L.） **quarters** 藜科藜属一年生早春性草本植物。茎直立，多分枝。叶互生，多为菱、卵形或三角形，先端尖，基部宽楔形，叶缘具不整齐的粗齿，叶背有灰绿色粉粒，叶柄细长。

8.169 **扁蓄**（*Polygonum aviculare* L.） **common knotgrass** 蓼科蓼属一年生草本植物。茎常匍匐丛生，有沟纹。幼苗叶片细长、暗绿色，互生于有节的茎上；后期叶小，淡绿色。不明显的小白花。

8.170 **酸模**（*Rumex acetosa* L.） **garden sorrel** 蓼科酸模属多年生草本植物。根粗壮，黄色。茎直立通常不分枝，具酸味。基生叶矩圆形，茎生叶披针形，叶基略呈箭形。

8.171 **香薷** ［*Elsholtzia ciliate*（Thunb.） Hyland.］ **common elsholtzia** 唇形花科香薷属一年生草本植物。茎直立，上部分枝，四棱形，有倒向疏生短软毛。叶对生，有柄，叶片椭圆状或披针形，边缘有锯齿，两面被柔毛。

8.172 **猪殃殃** ［*Galium aparine* var. *tenerun*（Gren. et Godr.） Rchb.］ **tender catchweed bedstraw** 茜草科猪殃殃属一年或二年蔓生或攀缘草本植物。茎自基部分枝，有四棱，棱上、叶缘及叶片中脉有倒钩刺。叶轮生，条状倒披针形，无柄。

8.173 **繁缕**（*Stellaria media* L. ） **chickweed** 石竹科繁缕属一年生或越年生草本植物。茎直立或平卧，基部多分枝，茎上有一行短柔毛。叶对生，卵形，顶端锐尖，下部叶有柄，上部叶无柄。

8.174 **田旋花**（*Convolvulus arvensis* L. ） **European glorybind** 旋花科旋花属多年生草本植物。茎细弱，横生或缠绕。叶互生，卵状长圆形或箭形，全缘或 3 裂，中裂片较长，两侧裂片展开，略尖，叶柄长。

8.175 **刺儿菜**［*Cirsium setosum*（Willd.）MB.］ **eld thistle** 菊科蓟属多年生草本植物。根状茎较长。茎直立，有棱。叶互生，无柄，椭圆形或椭圆状披针形，全缘或有疏锯齿。

8.176 **苦苣菜**（*Sonchus oleraceus* L. ） **denticulate ixeris** 菊科苦苣菜属一年或两年生草本植物。茎直立光滑，带紫色。有乳汁。基生叶长卵形或卵状披针形，边缘有不规则齿裂；茎生叶抱茎。

8.177 **苍耳**（*Xanthium sibiricum* Pata. ） **siberian cocklebur** 菊科苍耳属一年生草本植物。茎直立，粗壮。叶三角状卵形或心形，3 条叶脉明显，有粗毛。为潮湿和板结土壤的指示植物。

8.178 **鳢肠**（*Eclipta prostrata* L. ） **yerbadetajo** 菊科鳢肠属一年生草本植物。茎基部匍匐状，节上易生根、不易拔除。茎叶折断后，液汁很快变成蓝褐色。叶对生，披针形，被粗毛。

8.179 **蒲公英**（*Taraxacum mongolicum* Hand. -Mazz. ） **mongolian dandelion** 菊科蒲公英属多年生草本植物。全株含白色乳汁。主根长，具有再生能力。叶丛生。多见于贫瘠、生长不良的草坪上，常与车前子共生。

8.180 胜红蓟（*Ageratum conyzoides* L.）tropic ageratum　菊科藿香蓟属一年生草本植物。全株稍带紫色，被白色多节长柔毛。茎直立，叶对生，卵形或菱状卵形，边缘具钝圆锯齿。

8.181 救荒野豌豆（*Vicia sativa* L.）common vetch　豆科野豌豆属越年生或一年生蔓性草本植物。茎自基部分枝，有棱，疏生短绒毛。羽状复叶，有卷须；小叶长椭圆形或倒卵形，疏生黄色柔毛；托叶戟形。

8.182 铁苋菜（*Acalypha australis* L.）copperleaf　大戟科铁苋菜属一年生草本植物。茎直立，有条纹，被毛。叶互生，卵状椭圆形或椭圆状披针形，叶缘有钝齿，叶柄长。

8.183 问荆（*Equisetum arvense* L.）field horsetail　木贼科木贼属多年生草本植物。地下茎横走，地上茎直立。地上茎营养枝鲜绿色，节上轮生小枝，表面具6～15条纵棱。叶退化，在节上连合成鞘，鞘齿黑色。

8.184 鸭跖草［*Rhoeo spathacea*（Sw.）Stearn］common day-flower　鸭跖草科鸭跖草属一年生草本植物。茎直立或匍匐，节上生根。叶互生，披针形或卵状披针形，基部有宽膜质的叶鞘，有缘毛。

8.185 反枝苋（*Amaranthus retroflexus* L.）radroot amaranth　苋科苋属一年生草本植物。茎粗壮，稍有钝棱，密生短柔毛。叶互生，菱状卵形，顶端有小尖头，基部楔形，叶全缘或波状缘，叶脉明显突起。

8.186 凹头苋（*Amaranthus ascendens* Loisel.）emarginate ama-ranth　苋科苋属一年生草本植物。全株无毛。茎平卧上升，基部分枝。叶菱状卵形，顶端钝圆而有凹陷，基部宽楔形，全缘，叶柄长。

8.187 马齿苋（*Portulaca oleracea* L.）common purslane　马齿

苋科马齿苋属一年生草本植物。茎匍匐，多分枝，光滑无毛，绿色或紫红色。单叶互生或对生，倒卵状楔形，肉质肥厚，无柄，光滑。

8.188 **葎草**［*Humulus scandens*（Lour.）Merr.］**Japanese hop** 桑科葎草属一年生缠绕性草本植物。茎细弱，藤性，六棱形，茎和叶柄密生倒刺。叶对生，掌状 5 ~ 7 深裂，边缘有粗锯齿，两面有硬毛。

8.189 **车前**（*Plantago asiatica* L.）**asiatic plantain** 车前科车前属多年生草本植物。具粗壮须根，根茎短而肥厚。叶丛生，莲座状有长柄，椭圆形或卵状椭圆形，先端钝圆或微尖，全缘具稀疏粗钝齿。

8.190 **播前处理 pre-sowing treatment** 在草坪草播种前，把除草剂喷洒和混入表土层中的一种施用方法。

8.191 **芽前处理 pre-emergence tretment** 在草坪草播种后出苗前，正当杂草种子发芽或发芽前，将除草剂施在表土层中的一种施药方法。

8.192 **苗后处理 post seedling treatment** 在草坪草和杂草出苗后，直接将除草剂喷洒到植株上的一种施药方法。

8.193 **除草剂 herbicides** 用来毒杀和消灭杂草的一类农药。

九、草坪机械

9.1 草坪建植机械 turf construction machine 指与建植草坪有关的机械设备的总和。包括建植草坪前的地面整理机械和种植机械两类。地面整理机械有清理机械、整地机械和坪床机械等;种植机械有播种机、草皮种植机和喷播机等。

9.2 耙沙机 rake 一种由拖拉机拖挂的有耙沙装置的机械。

9.3 耙沙整地机 bunker and field rake 一种由拖拉机拖挂的有耙沙装置和整地装置的机械。

9.4 草坪播种和移植机械 seed driller and turf transplanter 在经过整地处理的地面上播撒草坪种子和铺植草皮的设备。

9.5 镇压辊 roller 又称碾压器。作用是平整和镇压表层土壤,使表层土壤密实、平整,播种后使种子进入土壤。可分平面辊和环形波纹辊。

9.6 平面辊 flat roller 主要用于草坪播种后的平整镇压养护。平面辊为钢板焊接成的空心圆筒,其直径从 0.4 ~ 1.0m 不等,为增加重量可以在筒内装沙。加重的平面辊用来镇压运动场草地。

9.7 环形波纹辊 toric roller 由许多铸造的圆环套安装在一根轴上,辊的表面呈波纹状。主要用于翻耕后土的压碎和平整作业。

9.8 草坪草籽播种机 seed drillers 一种专用于草坪播种,依靠草籽或经过裹衣处理后草籽的重力,经过一系列机构将草籽按一定分布规律播撒到种植草坪土地上的机器。主要类型有重力跌落式播种机和离心撒播式播种机，此外还有草坪补播的专用复播机等。

9.9 **重力跌落式播种机 gravity-seeding sower** 播种机的料斗底部有一缝隙，种子依靠重力下落，由行走轮驱动的拨料辊将种子拨出。料斗底部缝隙的大小依据种子的大小和播种量进行调节，有手推式和牵引式。播种机停止行走时使用离合控制开关关闭料斗底部间隙。

9.10 **离心撒播式播种机 centrifugal broadcast sower** 通过一个星形转盘的离心力将料斗内下落到转盘中央的种子利用离心力向周围分散撒开的播种机。有肩挎手摇式和手推式两种。

9.11 **补播机 over-seeding sower** 又称复播机。在不破坏现有草坪的基础上，外加旋耕开沟和覆土装置，边旋耕，边播种，边覆土，使草坪的中耕养护与补播一次完成。

9.12 **喷播机 hydro-seeding sower** 利用射流原理，将种子混入装有一定比例的水、纤维覆盖物、黏合剂、肥料等的容器内喷洒到待播的土壤表面的机具。其最适合用在普通方法难以种植的陡坡、铁路、公路两旁的护坡、高尔夫球场、运动场和大面积草坪的建植。

9.13 **起草皮机 turf lifters，sod cutter** 将草皮按一定宽度和地表面下的深度与地面分离的设备。起草皮机用于在草圃切下草坪卷，作业时刀插入草皮后，依靠刀的往复运动将草皮整齐的切起。作业速度为30～50m/min，起草皮宽度30～60cm，起草皮厚度多为7.5cm左右。

9.14 **随进式起草皮机 hand-operated turf cutter** 操作者步行跟随操纵自带动力驱动前进和起草皮作业的机器。

9.15 **拖拉机挂接式起草皮机 tractor mounted turf cutter** 以拖拉机为动力，将分离草皮的装置挂接在拖拉机上进行起草皮的作业机器。

9.16 **草坪养护机械 lawn care equipment** 草坪建植以后，在其使用期内保持草坪功能而对其进行一系列养护所涉及的设备。

9.17 **剪草机 lawn mower, grass cutting machinery** 又称草坪修剪机或割草机。根据草坪使用要求，按一定高度对草坪进行定期修剪的设备。按工作装置、剪草方式不同有滚刀式、旋刀式、往复式、甩刀式和甩绳式等多种。

9.18 **人力推行式剪草机 manpower mower** 利用人力推动剪草机行走，由轮的旋转运动驱动刀片运动来实现剪草动作，进行剪草。

9.19 **手扶推行式剪草机 walk behind push mower** 简称手推式剪草机。由小型动力提供刀片运动动力进行剪草，在剪草作业时需要由人力推行实现剪草机的前进。

9.20 **手扶自走式剪草机 walk behind self-propelled lawn mower** 由小型动力提供刀片运动动力进行剪草，同时有自走装置从原动力取得动力驱动行走轮使剪草机前进。剪草机自走机构运转时，只能前进不能后退，强行倒退会损坏自走结构。

9.21 **坐骑式剪草机 riding lawn mower** 剪草机挂置于拖拉机上进行剪草作业。根据剪草机与拖拉机的相对位置关系可分为前置式、侧置式、轴间式和后置式剪草机。

9.22 **旋刀式剪草机 rotary（lawn）mower** 剪草机的刀片转动轴垂直于地面做高速旋转，其旋转平面与地面平行，刀片与草坪植株相碰撞而将其割断的剪草机。一般有手推式、手扶自走式和驾驶式多种，前两种结构简单、操作方便、价格低，多用于小面积草坪修剪。驾驶式工作效率高，修剪质量好，多用于体育场、广场等大面积的草坪。

9.23 **随进旋刀式剪草机** **pedestrian controlled rotary mower**
操作者步行跟随具有动力驱动前进，同时操纵机构进行剪草作业的旋刀式剪草机。

9.24 **推行旋刀式剪草机** **hand pushed rotary mower** 操作者步行推动机器前进，同时操纵机构进行剪草作业的旋刀式剪草机。

9.25 **乘坐旋刀式剪草机** **ride-on rotary mower** 自行行走、操作者可以乘坐其上，同时操纵机构进行剪草作业的旋刀式剪草机。

9.26 **气垫旋刀式剪草机** **rotary hover mower** 简称气浮式剪草机。是一种由离心风机叶轮转动产生升力托起剪草机距离地面一定高度的旋刀式剪草机。

9.27 **滚刀式剪草机** **roller lawn mower，cylinder lawn mower**
通过转动由数把定长、以某种曲线排列在一个圆柱表面的刀片装置动刀（滚刀）与一把固定刀片（底刀）形成剪切而实现剪草的设备。剪草机有小型的手推式到大型的驾驶式多种。手推式效率低，适合小面积草坪。大型的常以拖拉机为动力，分为三联、五联、七联等，剪草高度为 6～20mm，适用于高尔夫球场和运动场。

9.28 **手推滚刀式剪草机** **hand pushed roller lawn mower** 通过人力用手推动剪草机使割草装置的圆柱体转动而实现割草的工具。

9.29 **随进式草坪剪草机** **pedestrian controlled roller lawn mower** 由动力驱动剪草装置的圆柱体转动，操作者跟随其后行进而控制实现割草的工具。

9.30 **乘坐滚刀式剪草机** **ride-on roller lawn mower** 由动力驱动割草装置的圆柱体转动，操作者乘坐其上行进而控制实现割草的工具。

9.31 **甩刀（连枷）式剪草机 flail lawn mower** 剪草机刀片铰接在转动轴上，转轴转动时，其在离心力的作用下甩开，将草茎切断并抛向后方。有手扶自走式和悬挂在拖拉机上的，一般适合修剪草茎较粗的杂草。

9.32 **往复运动剪切式剪草机 reciprocating knife mower** 简称往复式剪草机。剪草机刀片通过往复运动将草茎切断，类似于理发推剪。有手扶自走式和悬挂于拖拉机上的，适合修剪长草、高草和茎干较粗的草。

9.33 **绳索式剪草机 nylon-cord lawn mower，string trimmer** 用高速旋转的绳索与草株碰撞而切断草茎实现割草的机器。

9.34 **果岭剪草机 greens lawn mower** 是一种滚刀剪草机，其特点是在滚筒刀架上布置的螺旋线形刀片比一般滚刀式剪草机多，有 7~11 片。机上还附加其他装置，如草坪修整器、疏草刷、平滑滚轮等。

9.35 **草坪车 lawn tractor** 草坪车，包括车体、驱动桥、车轮、机械制动装置，车体底部有割草装置，草坪车有外接输出口，为其他园林机械装置提供动力源。而且车身结构为后轮驱动，更适合在草地行走，并大大增强了草坪车的爬坡能力。

9.36 **剪草高度 mowing height** 剪草机单次剪草的最大高度。

9.37 **手扶式果岭剪草机 walk-behind greens mower** 由小型汽油机提供滚刀运动动力进行果岭区域剪草，同时有自走装置从汽油机取得动力驱动行走轮使剪草机前进。

9.38 **混合动力坐骑式果岭剪草机 hybrid riding greens mower** 由混合动力驱动的坐骑式果岭剪草机。

9.39 **混合动力球道剪草机 hybrid fairway mower** 由混合动力驱动的在球道区域进行剪草的剪草机。

9.40 **三联旋刀剪草机 terrain cut rough mower** 带有三组旋刀装置的坐骑式的剪草机。

9.41 **汽浮式旋刀草坪剪草机 air-cushion type rotating blade mower** 又称气垫式旋刀草坪剪草机。是一种由离心风机叶轮转动产生升力，托起剪草机进行剪草作业的剪草机。

9.42 **草坪中耕机械 turf cultivation machinery** 在草坪生长期除修剪外，还要草坪上进行有选择的耕作而不破坏草坪土壤的作业，这些机械为中耕机械，主要有草坪打孔机、草坪梳草机、草坪切根机、草坪滚压机等。

9.43 **草坪打孔通气机 turf aerator** 简称草坪打孔机。草坪打孔机是按草坪通气养护要求，在草坪上按一定的行、间距和深度用中空的管形刀具打孔、用实心的棒状或片状物轧孔或用一定厚度的薄刀片开槽以实现空气和养分直接进入草坪植株根部的设备。这种工具通过在草坪上打出孔洞来减轻草坪土壤的板结程度，同时保证不对草坪草造成伤害。主要类型有抽芯打孔机、实心振动打孔机、注水式打孔机等。按结构形式可分为手扶自走式、拖拉机牵引式和驾驶式打孔机。打孔刀具运动方式分为滚动式和垂直式。

9.44 **随进式草坪打孔机 pedestrian-operated lawn aerators** 一种由操作人员跟随其后进行操纵具有的用于草坪打孔通气的机器。

9.45 **拖拉机挂接式草坪打孔机 tractor mounted aerators** 草坪打洞装置挂接在拖拉机上，以拖拉机为动力进行草坪打孔通气作业的机器。

9.46 **推行式草坪打孔工具 rolling lawn aerator** 一种简易的草坪打孔通气工具，一系列的实心打孔针固定在一个滚筒上，滚筒铰接在扶手架。操作者通过扶手架推动滚筒在草坪上滚动，从而在草坪上打出通气孔。

9.47 **手持式草坪打孔踏板 manual aerator** 一种简易的草坪打孔通气工具，一系列的实心打孔针固定在一个踏板下平面，踏板固接在手柄架上，打孔时操作者可踩踏踏板的上平面，使操作者的重力的一部分作用在踏板上，从而使打孔针刺入草坪土壤。应用于小面积草坪，效率低下。

9.48 **草坪手工打孔器 lawn aerator，spiking tools** 人力手持用于草坪打孔的工具。

9.49 **注水打孔机（注射式打孔机）injection aeretor** 注水打孔机是将高压水柱射入草坪根系层，不破坏地面结构，不会使地面泥土飞溅，对草坪表面不产生有害影响。打孔间距3~15cm，打孔深度达10~20cm，最大可超过50cm。

9.50 **圆周运动式草坪打孔机 rotate mode lawn aeretor** 打孔针沿刀滚或刀盘径向呈放射状分布。原动力经一系列减速装置将动力传给刀滚，刀滚在动力作用下克服土壤阻力在地面滚动。滚动打孔机的打孔深度比垂直打孔机浅，只有5~7.5cm。

9.51 **垂直运动式草坪打孔机 vertical mode lawn aeretor** 垂直运动式打孔机的打孔针作垂直上下运动，刀具的往复运动是由发动机的旋转运动通过曲柄滑块机构或者间歇机构来实现的。工作宽度160~290cm，打孔效率600~5 600$m^2 \cdot h^{-1}$。

9.52 **手扶式果岭打孔机 walk-behind greens aerator** 用于高尔夫球场果岭区域草坪打孔作业的打孔机。

9.53 **草坪刺辊 turf spikers** 在一根较大直径的轴表面按一定排列方式固定一系列的实心锥棒或三角形薄片用于在草坪上轧孔实现通气的机器。

9.54 **草坪纵切机 turf slitters** 用一定厚度的薄形刀片在草坪上按一定深度划出一条狭窄的槽而实现草坪通气的机器。

9.55 **打孔刀具 aerating tool** 打孔刀具形式可分为实心打孔棒、空心打孔管、锥形打孔板和注水打孔管。

9.56 **草坪排水系统开设设备 turf drainage system makers** 用于在草坪上开设排水系统的设备。

9.57 **草坪开沟机 slotters** 在草坪上划开一条具有一定深度和宽度的沟槽，然后在槽内填入可渗水的物料而形成草坪排水系统的机器。

9.58 **草坪摩尔犁 mole ploughs** 又称鼹鼠犁。在距种植草坪地表面一定深度处，用一个圆锥形的物体开设一定直径的通道，并加固而形成与草坪外公共排水系统网相连接的草坪地下排水系统的开设设备。

9.59 **草坪休整设备 turf dressing equipment** 对草坪表面进行整修的机械。

9.60 **草坪梳草切根机械 lawn comber and verti-cutter machine** 草坪梳草切根机械有梳草机和切根机，也有将梳草和切根两种功能合成为一种机械。该类机械的作用是清理草坪内的枯草垫层，切除即将枯死和多余的草根，促进草坪的通风透气，减少杂草蔓延，改善透水条件，促进新根繁殖。

9.61 **草坪梳草机 rakes, lawn comber** 工作装置由按一定规律排列，固定在轴上的刀片随轴做垂直于地面高速旋转而达到撕扯草坪枯草并将其抛送到机草袋内或抛撒到草坪表面的机器。梳草机有手推式、自走式、拖挂式多种，主要部件是带有弹性钢齿的耙，加上一定的质量在草坪上行走，将枯草清除。自走式和拖挂式梳草机适合于面积较大的草坪，小面积可以使用钉齿耙。

9.62 **手推式草坪梳草机 walk behind push lawn comber** 操作者步行推动机器前进并操纵草坪梳草作业的机器。

9.63 **自走式草坪梳草机 walk behind self-propelled lawn comber**

由小型动力提供刀片运动动力进行梳草，同时有自走装置从原动力取得动力驱动行走轮使剪草机前进。梳草机自走机构运转时，只能前进不能后退，强行倒退会损坏自走结构。

9.64　拖拉机挂接式草坪梳草机 tractor mounted rakes　草坪梳草装置挂接在拖拉机上，以拖拉机为动力进行草坪梳草作业的机器。

9.65　草坪切根机 verti-cutter，dethatcher　草坪切根机的工作部件是按一定间隔和规律安装在一根滚轴上的刀片所组成，刀片的形状有 S 形刀、直刀和甩刀等。工作时动力驱动滚轴高速旋转，使刀片切入土中，拉去枯草，切断地下草茎。

9.66　草坪梳草切根机 lawn comber and verti-cutter　同时具有梳草和切根功能的机械，工作时应注意调节刀头与草坪的距离，刀头划入土壤的深度为 2～3cm，以保证刀头能梳掉枯草，同时又能刚好划到土壤。

9.67　草坪刷 brushes　用于修整、去除草坪表面露珠和恢复经运动踩踏后草坪状态，由许多根既有一定柔软性又有适当硬度的相同长度细丝组合在一起的刷子。

9.68　草坪拖板 drag mats　在草坪上拖拽，用于平整草坪表面或去除草坪表面露珠、非常轻、链式连接的网。

9.69　草坪滚压机 lawn rollers　又称为镇压机械。目的是通过滚压草坪表面和将草坪表面的小石子压入草坪地面，具有一定质量、直径和长度的圆柱形辊子。可以改善草坪表面的平整度，促进草坪的分蘖，并有抑制杂草生长的作用，同时可以在草坪表面通过滚压形成花纹。有牵引式、驾驶式和手推式。

9.70　碾压滚 roller　碾压滚是滚压机的工作部件，其具有一定质量，用拖拉机牵引或直接与剪草机联合，前置剪草机后置碾压滚。根据对碾压滚的质量要求可以对其注水或灌沙。

9.71 **随进式草坪滚压机 pedestrian-operated lawn roller** 一种由操作者步行跟随操纵，自带动力驱动前进进行草坪滚压作业的草坪滚压机。

9.72 **坐骑式草坪滚压机 ride-on lawn roller** 一种由操作者驾驶坐在其上操纵机器，进行草坪滚压作业的草坪滚压机。

9.73 **草坪修整联合机 single pass turf machine** 按草坪修整工序，将每个工序所使用的设备组合在一起对草坪进行修整的设备。

9.74 **草坪覆沙机 lawn topdresser** 草坪覆沙机主要用于草坪播种后、打孔和切根后覆沙或覆土，运动场在使用后出现凹凸不平也需要定期覆沙并进行碾压，保持草坪平整。由于沙、土都是松散的小颗粒状物质，所以常可与草坪撒播机共用。

9.75 **随进式草坪覆沙机 pedestrian-controlled lawn topdresser** 一种由操作者步行跟随操纵自带动力驱动前进的草坪覆沙机。

9.76 **牵引式草坪覆沙机 trailed lawn topdresser** 一种由拖拉机或其他动力机通过牵引跟随行走的草坪覆沙机。

9.77 **坐骑式草坪覆沙机 ride-on lawn topdresser** 一种操作者乘坐其上，自带动力驱动前进和驱动覆沙装置进行覆沙的草坪覆沙机。

9.78 **车载式草坪覆沙机 vehicle-mounted topdresser** 一种装载在车辆上进行覆沙的草坪覆沙机。

9.79 **施肥机 fertilizer spreader，fertilizer applicator，fertilizer distributor** 用于草坪施肥的机械，按施肥装置不同分为

手推式和拖拉机驱动式 2 种。

9.80 **手推式施肥机 hand push fertilizer spreader** 手推式施肥机主要用于小面积草坪施肥作业。由安装在轮子上的料斗、排料装置、轮子和手推把组成。按排料装置不同可分为外槽轮式施肥机和传动带—刷式施肥机。

9.81 **外槽轮式施肥机 slot roller fertilizer distributor** 排料辊安装在料斗的底部，其两端直接与两边驱动轮连接，施肥或排种量通过更换不同宽度槽的排料辊而实现。作业时，用人力推动机器前进，驱动轮带动排料斗内的草种、颗粒状或粉状肥料随排料辊上的槽排出料斗而散落到草坪地面上。

9.82 **传动带—刷式施肥机 belt type fertilizer distributor** 由肥料斗、橡胶传送带、刷子等组成。位于料斗底部的传送带与其有一间隙，间隙大小可调节，控制施肥量，传送带和刷子由驱动轮驱动。作业时，肥料通过料斗与传送带间的间隙带出料斗，再由刷子将排出的肥料刷到草坪上。

9.83 **拖拉机拖动施肥机 trailed fertilizer distributor** 由拖拉机驱动的施肥机，主要有转盘式、双辊供料式和摆动喷管式 3 种。

9.84 **转盘式施肥机 rotary disc fertilizer distributor** 施肥机主要由一个倒锥形料斗和安装在料斗底部的转盘组成，转盘有沿径向布置的挡板。作业时，拖拉机动力输出轴驱动转盘高速旋转，肥料从料斗与转盘间的缝隙落入转盘，在离心力的作用下甩出转盘撒向草坪地面。

9.85 **双辊供料式施肥机 double roller supplying fertilizer distributor** 由拖拉机挂接或牵引，由料斗和位于其底部的两个橡胶辊组成，作业时由拖拉机动力输出轴经传动、变速机构驱动两个橡胶辊旋转，将肥料不断从料斗中排出，撒落到草坪上，施肥量通过改变橡胶辊的转速实现。

9.86 摆动喷管施肥机 swing adjutage fertilizer distributor 用可摆动的喷管代替转盘，摆动喷管由拖拉机动力输出轴驱动的偏心装置相连接而摆动。有一个或数个长三角形的调节圆盘安装在料斗底部出料孔的上部，通过相对转动调节施肥量，喷撒的宽度大于机器本身。

9.87 草坪喷药机械 lawn spray machine 又称打药机。实现将化学药剂喷洒到感染病虫害草坪的有效部位的机械。按动力来源分为机械和人力。按配置形式分为便携式、手扶式、自行式、牵引式和悬挂式等。按喷药方法分为液压喷药、气压喷药、静电喷药、离心喷药等。

9.88 草坪喷雾车 lawn spray cart 又称草坪打药车，是以汽车为动力和承载体的喷雾机械，它是利用泵将液体药剂加压，通过喷头喷出，与空气撞击后雾化成极其细小的雾滴。喷洒装置布置在车的尾部，药液通过喷洒架上均匀布置的喷头喷出。

9.89 背负式打药机 lever-operated knapsack sprayer 由操作者背负，用摇杆操作液泵（通常是隔膜泵或活塞泵）对草坪进行病虫害防治药物喷洒的机器。

9.90 推行式打药机 barrow operated sprayer 又称手推打药机。装药液的容器、药液输送机构和喷洒机构都安装在一辆由人力推行的小车上对草坪进行病虫害防治药物喷洒的机器。

9.91 拖挂式打药机 tractor-mounted sprayer 挂接在拖拉机上、以拖拉机为动力或自带动力机驱动输送和喷洒防治病虫害药物的机器。

9.92 担架式打药机 stretcher mounted sprayer 由人抬着作业或转移的打药机。

9.93 **草坪清洁机械 turf cleaner，turf tidy** 专门用于草坪保洁的机械设备，这些设备种类很多，主要包括草坪修边、清扫、枝叶粉碎等机械。

9.94 **草坪修边机 lawn edger，turf edger trimmer** 又称草坪切边机。是一种草坪边界修整、清理的机械。它有多种运动形式，如震动切刀、圆盘刀、旋转切刀等。也有家用的电动手持式、小型随进式、手推式、大型的拖拉机挂接式。

9.95 **手推式草坪修边机 walk behind push lawn comber** 操作者步行推动机器前进，并操纵由小型动力驱动刀具进行草坪修边作业的机器。

9.96 **随进式草坪修边机 pedestrian-operated edge trimmer** 操作者步行跟随并操纵具有动力驱动的机器前进和切割刀片旋转实现草坪边缘修整切割的机器。

9.97 **便携式草坪修边机 hand hold edge trimmer** 一种手持式、由动力驱动切割刀片，刀片垂直于地面旋转来实现草坪边缘修整切割的机器。

9.98 **拖拉机挂接式草坪修边机 tractor mounted edge trimmer** 以拖拉机为行走和切割动力实现对草坪边缘修整切割的机器。

9.99 **泥心粉碎机 core pulverizer** 由拖拉机牵引，将打孔作业后留下的泥芯，迅速粉碎成颗粒状态还原到草坪内的机器。

9.100 **吸风式清洁机 down-draft cleaner** 吸风式清洁机主要是利用吸风机功能将草坪表面上散落的树叶、草坪剪草后的草屑等吸起并输入到清扫箱中。

9.101 **粉碎机 grinder，chipper shredder** 将修剪后的草屑、树枝等进行粉碎的机械。按照粉碎对象不同分为粉碎草茎、树叶的粉碎机，粉碎树枝的切削或削片机。按行走方式分为手扶自走式清扫粉碎机、牵引式树枝粉碎机、手推式茎秆切碎机、粉碎机。

9.102 清扫粉碎机 shreding sweeper 粉碎机在行进过程中将草茎、树叶等易吸入物质通过吸风机吸入，再经过粉碎装置进入集尘袋中，适用于公园、庭院、道路两旁绿地、居民小区等地方清扫落叶、枯枝、草坪修剪后的草茎等。

9.103 牵引式树枝粉碎机 trailed branch grinder，trailed wood chipper 粉碎机利用拖拉机牵引到堆放树枝、落叶的地方，用人工或机械将树枝、落叶等放进碎料仓内进行粉碎处理。

9.104 草坪喷灌系统 iawn irrigation system 草坪喷灌系统是由喷头，干、支管道，控制闸阀，加压水泵等组成的压力喷水系统。根据控制方式不同分为自动控制系统和人工手动控制系统。根据喷灌系统中设备是否移动可分为全固定式、半固定式和移动式喷灌系统。

9.105 草坪喷灌设备 iawn irrigation equipment 草坪喷灌设备是草坪喷灌系统中的各种功能组件，如喷头，干、支管道，控制闸阀，加压水泵等。

9.106 自动控制喷灌系统 autocontrol irrigation system 是指利用电磁阀控制进行自动控制的喷灌系统，共有 3 种类型：第一种是用电磁阀控制一个灌水单元；第二种是使用带阀喷头；第三种是能够监测土壤水分、气象因子的监测，后进行计算机分析确定灌水单元的自动化程度更高的喷灌系统。

9.107 手动控制喷灌系统 manual control irrigation system 是指不使用电磁阀而靠人工开启闸阀进行喷灌的喷灌系统。

9.108 喷头 sprinkler 喷头是一种根据射流和折射原理设计制造的水动力机械，通过喷头的喷嘴、折射和分散机构将压力水流高速喷出，是喷灌系统最重要的设备。

9.109 **地埋弹出式喷头 compact sprinkler** 是指除喷头盖以外，其余部分全部进入地下的喷头。在非工作状态下，喷头顶部与地面同高，工作时在水压力作用下使喷头转动部件弹出，将喷嘴伸出地面进行喷洒。这种喷头不影响景观效果，不妨碍草坪修剪、清理机械的工作。

9.110 **地上式喷头 overground type sprinkler** 喷头安装在地面以上一定的高度。主要类型是摇臂式喷头，主要用在农作物、园林树木喷灌；在草坪中很少使用，主要是影响草坪景观和妨碍草坪养护管理机械工作。

9.111 **固定式喷头 stationary sprinkler** 又称折射式喷头或散射式喷头。喷洒方式是以喷头为中心的圆形或扇形区域内，水流同时向区域各个方向喷洒，水滴覆盖全部喷洒面积。喷头结构简单、性能稳定、使用方便，喷头工作压力较小，雾化程度好，喷射半径小，适合小面积喷灌。

9.112 **旋转式喷头 rotor sprinkler** 喷头在喷洒的同时压力水流驱动喷头转动机构旋转，水流在同一时间只在一个方向或两个方向喷洒，机构旋转一周，喷洒水量覆盖一个圆面积。喷洒距离较远，所需工作压力较大，用在大面积的草坪、园林绿地喷灌。主要类型是旋转式地埋喷头。

9.113 **全圆喷头 circle sprinkler** 指喷洒范围为 360° 的圆，在有风时喷洒范围就不一定是圆。

9.114 **调角喷头 adjustable nozzle** 喷洒范围可以调节的喷头，专用于草坪边缘的喷头。

9.115 **喷头性能 performance of sprinkler** 喷头性能主要包括水力性能、机械性能和经济性能 3 个方面。

9.116 **喷头工作压力 sprinkler pressure range** 喷头工作压力是喷头达到设计射程和出流量时需要的工作压力，是喷灌设计中确定的最小工作压力。常用单位帕斯卡（Pa），有时用巴（bar），工程中常用 $kg \cdot cm^{-2}$。

9.117 喷头射程 radius 是指在无风条件下，一定喷灌强度下喷头喷洒的距离，是喷头造型参数中最重要的参数之一。一般规定，对于喷头流量 $\geqslant 0.25m^3 \cdot h^{-1}$ 时，喷头射程是指雨量收集桶收集 0.3mm/h 的点到喷头的距离。所以射程是比实际喷洒距离略短。

9.118 喷头流量 discharge rate 喷头流量是指喷头单位时间以喷嘴喷出的水量，单位 $m^3 \cdot h^{-1}$ 或 $L \cdot min^{-1}$。喷头出流量一般由喷嘴尺寸控制，喷嘴尺寸越大，出流量越大。喷头流量增大，意味着管道增大，就需要较大管径，喷灌工程的造价也相应增加。

9.119 喷灌强度 precipitation rates 喷灌强度是单位时间内地面上喷洒的水深，可分为单喷头喷灌强度和组合喷灌强度。在设计喷灌系统时组合喷灌强度不应大于草坪土壤入渗速率，否则地面就会产生积水或径流。

十、运动场草坪

10.1　棒球场草坪 baseball field　专供棒球比赛的草坪场地，呈直角扇形，由内场和外场两部分组成。

10.2　垒球场草坪 softball field　专供垒球比赛的草坪场地，场地规格与棒球场相似，呈直角扇形，由内场和外场两部分组成。

10.3　橄榄球场草坪 football field，rugby field　专供橄榄球比赛的草坪场地，呈长方形，橄榄球分为英式橄榄球和美式橄榄球两类，场地也有所不同。

10.4　足球场草坪 soccer field，football field　专供足球比赛的草坪场地，呈长方形，标准场地规格为 $105\text{m} \times 68\text{m}$，一般分为专用足球场和田径足球场两类。

10.5　曲棍球场草坪 hockey field　专供曲棍球比赛用的草坪场地，呈长方形。

10.6　草地保龄球场 lawn bowling　专供保龄球比赛的草坪场地，呈正方形。

10.7　草地网球场 lawn tennis　专供网球比赛的草坪场地，呈长方形，分单打和双打两种。

10.8　赛马场草坪 race track　专供赛马运动比赛用的草坪场地，呈长椭圆形。

10.9　滚木球场草坪 bocce courts　专供滚木球运动比赛的草坪场地，呈长方形。

10.10　多功能场地 multiple-fields　可以用作多种用途的运动

场地。

10.11 **根系层组成 rootzone composition** 指组成坪床土壤的混合物质及其所占比例，一般包括沙、有机质、无机质等。

10.12 **有效粒径 effective particle diameter** 指土壤颗粒组成中对排水及通气起关键作用的有效颗粒的直径，通常用颗粒粒径分布曲线中的 D_{10} 表示，它是评价土壤渗透率及排水性的重要指标。

10.13 **粒径分级 particle size distribution** 指坪床土壤中不同粒径范围内的颗粒（质量）所占的比例。

10.14 **颗粒分级系数 gradation index，GI** 指土壤中不同级配颗粒直径的比值，是表达土壤颗粒均一性和级配程度的主要指标，是评价土壤稳定性、透水性、孔隙状况的重要参数。

10.15 **过渡层 blinding layer，intermediate layer** 指坪床结构中位于根系层和砾石排水层之间的结构层，其功能主要是防止根系层中细小颗粒进入砾石层中堵塞孔隙。

10.16 **砾石层 gravel bed** 指处于坪床结构下部的结构层，一般位于排水管之上，过渡层之下，其功能是加速整个坪床结构的排水效率。

10.17 **基础层 subgrade** 指运动场草坪坪床建造时的起始面。

10.18 **裂槽式排水 slit trench drain** 指在坪床表面沿垂直于排水管道的方向设置具有合理间距且透水性较好的盲沟，以增加坪床渗水面积的排水方式。

10.19 **坪床加固技术 turf reinforcement technology** 指通过向土壤中添加一定比例的加固材料，以达到增强土壤强度的坪床建造技术。最早应用于赛马场，目前已广泛应用于各类运动场草坪的场地建造中。

10.20 **土壤加固材料 soil reinforcing material** 指在坪床加固技

术实施中，添加于坪床土壤中起加固作用的材料。运动场草坪建造工程常用的加固材料有聚丙烯纤维、金属或塑料网格、尼龙线等。

10.21 **坪床结构 seedbed construction** 指草坪面以下提供草坪生长环境的剖面结构。

10.22 **果岭坪床结构 putting green construction** 指用于果岭建造的一种坪床结构类型，其结构从下往上依次为排水管、砾石层、过渡层（根据设计可以不设）、根系层。该结构是由美国高尔夫球协会在 1960 年首次提出，并先后于1973 年、1993 年、2004 年进行过 3 次修订。

10.23 **加利福尼亚坪床结构 California construction method** 坪床结构类型之一，是由美国加利福尼亚州立大学研究开发。其结构模式是：排水盲管上直接铺设 30~40cm 的根系层。

10.24 **韦格拉斯坪床结构 Weigrass method** 坪床结构类型之一，由瑞典人研究开发。其结构模式是：基层埋设排水管，排水管上均匀铺设 20cm 沙，将肥料均匀混合到表层10cm 的范围内，其上再加 5cm 表土层。

10.25 **细胞式坪床结构 cell construction method** 坪床结构类型之一，最早出现于欧洲。其构造特点是：基础层铺设不透水塑料布，其上设置给排水管道，给排水管与外部相连接，分别设有给水泵和排水泵。该系统利用结构特点及给排水泵的功能，实现给排水自由控制，使坪床土壤的含水量保持在植物所需的最佳含水量的范围内。由于整个场地被分隔成数个小区，类似若干个细胞，因此被称为细胞式。

10.26 **PAT 系统 prescription athletic turf system** 坪床结构类型之一，由美国 Purdue 大学 W. H. Daniel 博士 1971 年开

发。其构造特点与细胞式坪床结构类似，二者唯一的区别就是 PAT 结构整个场地作为一个整体进行设计建造，没有分隔。

10.27 移动式草坪 mobile turf 指将草坪建造在可以移动的载体上，实现草坪场地可移动的一种建造方式。

10.28 模块移动式草坪 modular turf system 指将整个球场建在若干个可移动模块上，每个草坪模块都是一个独立的整体。根据比赛需要，草坪模块可进行拼装和拆移。

10.29 悬浮水位 perched water table 指不同土壤质地之间水分运动在分界处会出现短暂阻滞，形成悬浮的水位。常见于运动场草坪坪床结构中根系层与过渡层或与排水层之间。这一原理成为美国高尔夫球协会（USGA）推荐果岭坪床结构的设计依据。

10.30 桥联因子 bridging factor 指运动场草坪坪床结构中对不同结构层次之间起到桥联作用的因子，一般通过上下结构层中颗粒粒径级配实现。

10.31 渗透因子 permeability factor 指运动场草坪坪床结构中对不同结构层次之间水分渗透起连续作用的因子，一般通过上下结构层中颗粒粒径级配实现。

10.32 粗造形 configuration 指在高尔夫球场建造初期，利用推土机和造形机对场地表面局部进行推、挖、填的修理和完善，使之基本符合高尔夫球场造形设计要求的工程措施，粗造形工程主要包括球道、高草区的粗造形、人工湖等水域周围的粗造形和杂物清理等工作。

10.33 细造形 surface configuration 指粗造形结束后，按照设计要求对球场表面进行细致修理和完善的工程，主要包括球道、高草区、隔离带的微地形建造和局部造形细修整工程，以及一些特殊区域如果岭、发球台、沙坑的建造工程。高尔夫球场土方工程的后期为细造形阶段。

10.34 **球场勘测 fields surveying** 指球场规划设计者对场址进行现场踏勘，以掌握球场现状材料的过程。一般球场勘测是在规划设计者掌握了球场规划的基本任务及了解现有资料的基础上进行的。

10.35 **基准面 datum plane** 通常指大地水准面，它是工程测量中测量或绘制其他参数的基准。

10.36 **基准线 datum line** 指与基准面相垂直的铅垂线，它是工程测量中测量或绘制其他参数的基准。

10.37 **基准点 datum point** 指工程测量时作为标准的原点，按照基准点在测量体系中所处的位置可分为相对基准点和绝对基准点。按照用途分类，有高程基准点、重力基准点、地磁基准点等。其中高程基准点是球场建造工程中最为常用的一个。

10.38 **等高线平面图 contour plan** 用等高线表示地面高低起伏的平面地图，根据等高线不同的弯曲形态，可以判读出地表形态的一般状况。

10.39 **阿斯特罗草皮 Astroturf** 人造草坪的一种类型，出现于1966 年，是最早出现的人造草坪产品，因最早建造于美国休斯顿阿斯特罗（Astrodome）体育馆而得名。

10.40 **特福得嘉草皮 Fieldturf** 人造草坪的一种类型，出现于1977 年，是橡胶颗粒填充人造草坪出现的标志。

10.41 **填充式人造草坪 filled turf** 人造草坪的一种生产类型，草坪层束状低密度，高度较高（一般 > 10mm），形状似天然草坪，草坪层需要填充一些物质如沙、橡胶或二者的混合物等，后期出现的 Fieldturf 等草坪产品属于此种类型。

10.42 **编织式人造草坪 knitted turf** 人造草坪的一种生产类型，

草坪层采用编织方式制成，成毯状，不需要填充，早期
出现的 Astroturf、Astroplay 等草坪产品属于此种类型。

10.43　人造草坪填充物　infill　人造草坪的填充材料，一般为沙
或橡胶颗粒，有时也将二者混合使用，在混合使用时，
二者的比例依具体情况而定。

10.44　下垫层　backing　指人造草坪下底面一层由聚酯或聚乙烯
纤维制成的纤维毯，它主要起固定作用，是人造草坪的
基本组成之一。下垫层使草皮具有一定的机械强度和规
格尺寸，使其不易变形，还起到延长草皮使用寿命的
作用。

10.45　缓冲层　shock-absorbing layer　位于人造草坪层与基础层
之间，起到承上启下的作用，它对运动压力有良好的缓
冲功能。它通常是由聚乙烯化合物构成的闭孔泡沫塑料，
用胶粘合在基础层上。

10.46　草坪加温系统　turf warming system　指为改善草坪低温
生长环境采取的加热保温措施，通常包括地埋式土壤加
热措施及地上覆盖保温措施。

10.47　土壤加热　soil heating　指以草坪土壤层为导热介质，利
用不同加热方式对草坪根系层进行加热，以改善低温生
长环境的作业方式。它是冬季防御或防止草坪土壤冻结
和延长草坪绿期所使用的一种措施。目前土壤加热方式
主要有 3 种，即电缆线加热、暖水管加热及暖气管加热。

10.48　球场质量　fields quality　指草坪在其生长和使用期内功能
的综合表现，既包括草坪质量，也包括草坪提供的运动
质量。

10.49　球场评价　fields evaluation　专业人员通过一定的评价方
法对球场质量作出科学合理的评价过程。球场质量评价
与其功能和使用目的密切相关，这是球场质量评价的

基础。

10.50 **运动质量 playing quality** 指场地表面用于比赛运动时所表现出的特性，一方面表现在球场对所进行运动项目的适应性；另一方面表现在运动员对草坪性能的感觉与要求。通常包括表面硬度、弹性、摩擦性能、平整度等。

10.51 **表面硬度 surface hardness** 指草坪表面抵抗其他物体磨损或压入其表面的能力。表面硬度一般用于评价球场的缓冲性能，对运动员的下落安全及球的反弹影响较大。

10.52 **表面摩擦力 surface traction** 也称附着摩擦力，是表达运动员球鞋与草坪面发生相对运动或相对运动趋势时，二者接触面之间阻碍相对运动的作用力，一般包括滑动摩擦力与扭动摩擦力，该指标与球员起动、奔跑、转向等密切相关，是评价球场表面性能的重要指标。

10.53 **草坪滚动摩擦力 roll traction** 指阻碍比赛用球在草坪上发生相对运动的作用力。对草坪上进行的球类运动项目而言，草坪滚动摩擦力主要用于评价球在草坪表面上滚动的性能。

10.54 **表面平整度 surface evenness** 用于描述草坪场地表面凸凹程度的指标，一般用一定范围内的高度差表达。

10.55 **草坪弹性 turf elasticity** 指草坪在外力作用下产生变形，除去外力后变形随即消失的性能。

10.56 **回弹性 ball rebound** 指草坪在外力作用时保持其表面特征的能力。

10.57 **克勒格硬度仪 Clegg impact tester** 用于测定草坪表面硬度的仪器，由澳大利亚的 Baden Clegg 发明。

10.58 **球痕 ball mark** 通常指球在质地较软的场地表面下落后留下的凹痕，多用于高尔夫球场比赛中。

10.59 **耐磨损性 wear tolerance** 指草坪植物忍耐外力磨损的

能力。

10.60 耐践踏性 traffic tolerance 指草坪受到践踏胁迫后保持或恢复原有状态的能力。

10.61 草坪韧性 rigidity 指草坪草茎、枝、叶的抗压性，取决于茎、枝、叶的解剖结构及发育程度，同时受植物体含水量、温度等影响。

10.62 测力器 pennfoot 测定草坪扭动摩擦系数的仪器，最早由宾夕法尼亚州立大学发明。

10.63 耐用性 durability 指人造草坪的耐用程度，是评价人造草坪使用寿命及性状表现十分重要的参考指标。一般采用模拟人为磨损方式，磨损强度大致相当于使用5年的磨损程度。

10.64 撕裂强度 joint strength 指人造草坪与下垫面之间的连接强度，测定能够损坏二者连接所用的最大拉力，国家标准为横向 $\geqslant 25\text{kN}\cdot\text{m}^{-1}$，纵向 $\geqslant 30\text{kN}\cdot\text{m}^{-1}$。

10.65 天气耐性 climatic resistance 指人造草坪对天气变化的忍耐程度，是人造草坪室内检测指标之一。测定时将人造草坪样品放置在模拟自然天气变化的机械设备中，该设备可以模拟太阳光辐射、外界温度及水分变化，测试时间大致为3个月，相当于自然条件下室外5年时间所经历的外界天气影响。

10.66 减震性 shock absorbency 指当外力作用于草坪后，草坪吸收和减缓下冲能量的性能。草坪质量检测指标之一。测定时先将测定仪器放在水泥板上得出一个数据 $F_{\max(\text{水泥})}$，然后再测试草坪上的数据 $F_{\max(\text{草坪})}$，可用公式计算：$FR = \left(1 - F_{\max(\text{草坪})}/F_{\max(\text{水泥})}\right) \times 100\%$。

10.67 垂直形变 vertical deformation 指当垂直向下的外力作用于草坪后，草坪垂直方向的变形程度。一般以毫米为计量单位。它是草坪质量检测指标之一，变形大则表明草皮软，反之则表明草皮硬。

10.68 **高尔夫球场 golf course** 专供高尔夫运动的场地，一般由草地、湖泊、沙地和树木等自然景观组成。

10.69 **果岭 green** 指高尔夫球场中每个球洞周围具有一定面积的管理精细的草坪区域，是球手推杆击球入洞的地方。果岭是高尔夫球场最重要和养护最细致的地方。

10.70 **果岭环 collar** 指果岭周围的草坪带，其修剪高度介于果岭和球道之间。

10.71 **果岭裙 apron** 也称落球区，指位于果岭前面与果岭环相接的球道延伸部分，它通常由球洞中线附近向外延伸到主要障碍区，如沙坑、草丛等。

10.72 **发球台 tee** 指每个洞打球的起点和开球的草坪区域，是每个球洞不可缺少的组成部分之一。现代高尔夫球场均使用多发球台体系，以适应不同水平球手的打球需要和进行大型国际比赛的要求。一个洞的发球台组成发球区，一个发球区至少要设 4 个发球台，距离果岭由近到远依次为女子发球台（红梯）、男子发球台（白梯）、男子发球台（蓝梯）和职业选手发球台（金梯或黑梯）。

10.73 **双洞果岭 double green** 指可提供两个旗杆球洞使用的果岭。

10.74 **双果岭 two-green system** 指在球洞上建造设置两个长期使用的分离果岭，每个果岭有各自的落球区、沙坑和周边区域。

10.75 **备用果岭 alternate putting green** 指球道上位于常规果岭前面或侧面的面积较小的临时性果岭，一般用于打球很少的冬季。可在土壤冻融时保护常规果岭免受践踏和土壤紧实的危害。

10.76 推杆果岭 putting green 指设在球场会所附近，供下场前热身推杆的练习果岭，以了解果岭速度、修剪纹路，寻找推杆感觉。

10.77 沙坑 bunker 是高尔夫球场上四周被草坪环绕，并由沙子覆盖的凹陷区。沙坑是球场障碍区的一个重要组成部分。一般由沙坑前缘、后缘、沙坑边唇、沙坑面和沙坑底等几部分组成。

10.78 草坑 grass bunker 高尔夫球场中呈凹形的、草坪较高的地域，一般在初级高草区、球道边缘和果岭周边设置。

10.79 球道 fairway 通常是指连接发球台和果岭之间、较利于击球的草坪区域，是从发球台通往果岭的最佳路线。

10.80 高草区 rough 是果岭、发球台、球道外围的修剪高度较高、管理较粗放的草坪区域，用以惩罚球手过失击球，增加球手打球难度。根据草坪修剪高度、管理水平和距离球道边缘远近分为初级高草区和次级高草区。

10.81 球座 tee marker 是指放置在发球台上的指示开球区域的标志。球座是每个发球台最基本的特征。

10.82 球洞 hole 狭义指果岭上的球洞，广义指从发球台至果岭上洞口的整个球道。

10.83 损斑处理 spot treatment 指对被损草坪斑块采取的处理措施。

10.84 草皮削起 turf shaving 指草坪受到外力作用被削起的过程或现象。

十一、地被植物

11.1 地被植物 ground-cover plant 覆盖在地表面的株丛密集、其高度低于1m或者人为控制在1m以下的低矮植物。包括低矮草本植物、蔓生植物、丛生植物、缠绕植物以及蕨类植物等。

11.2 园林地被植物 garden ground cover plant 指具有一定观赏价值，用于园林绿地覆盖的地被植物。

11.3 乡土地被植物 native ground cover plant 本地区原有自然分布或者引种驯化后多年生长在本土的地被植物。

11.4 野生地被植物 wild ground cover plant 指在当地的气候条件下，在自然的、长期的自然演化过程中逐渐形成的，最能体现本地区植被特点的地被植物。

11.5 适生地被植物 suitable ground cover plants 适宜在本地区气候和土壤等自然条件下生长的地被植物。

11.6 常绿地被植物 evergreen ground-cover plant 没有明显休眠期、可以四季常青的地被植物，可收到终年覆盖效果。

11.7 地带性植被 zonal vegetation 主要由气候因素决定形成的植被类型。

11.8 非地带性植被 azonal vegetation 受局部地形、地下水、地表水或者地表组成物质等非地带性因素而形成的植被类型。

11.9 草本地被植物 herbaceous ground-cover plant 有草质茎的地被植物。如蓝花鼠尾草、金鸡菊、石蒜、葱兰等。

11.10 **耐阴地被植物 shade-tolerant ground covers** 生态习性能适应阴蔽环境的地被植物。

11.11 **喜阳地被植物 light-likely ground-cover plant** 在阳光充足的条件下才能正常生长的地被植物。

11.12 **湿生地被植物 ground-cover plant of wet environment** 生长在地表常年积水、季节性积水或土壤过湿的环境中的地被植物。如千屈菜、水鸢尾、彩叶菖蒲等。

11.13 **节水地被植物 water-thrifty ground cover** 对水分需求不高，具有一定的耐旱性，遇水容易恢复的地被植物。如景天类肉质植物或禾本科植物种类。

11.14 **疏林地被植物 opening forest cover plant** 建植于树丛边缘、稀疏树丛或林下的地被植物。该类植物适于半荫环境条件，如二月兰、甘野菊等。

11.15 **林下地被植物 undergrowth cover plant** 不同遮阴条件下能够正常生长的地被植物。如涝峪苔草、麦冬、落新妇等。

11.16 **空旷地被植物 opening space cover plant** 在阳光充足的空旷地段生长的地被植物，一般为喜光的观花或观叶地被植物。如日光菊、天人菊等。

11.17 **行道绿篱地被植物 way-side fence cover plant** 在道路、绿地或庭院、居住区及草坪边缘建植的地被植物，一般具有较强的抗性，如耐干旱、耐高温、抗污染等。如八宝景天、小叶黄杨、金叶莸等。

11.18 **水土保持地被 soil and water conservation cover plant** 具有保持水土功能的地被。是由草、灌结合形成较稳定的保持水土、降低地表径流的植被群落。如波斯菊、多花胡枝子、小红菊、菊花脑等。

11.19 **护坡地被植物 slope protection ground cover plant** 在斜

坡地段种植的能保持水土，防止水流冲刷与侵蚀的地被植物。具有根系强大、抗性强、植株低矮、生长蔓延迅速等特点。如小冠花、地锦、费菜等。

11.20 **岩石地被植物 rock ground cover plant** 生长在岩石缝隙间及岩石上的地被植物，可用于覆盖假山置石、混凝土建筑表面或配置在它们边缘的藤本地被植物。如常春藤、络石、百里香、酢浆草、矮竹类。

11.21 **芳香地被植物 aromatic cover plant** 能够分泌芳香化学物质的栽培或野生地被植物的总称。如木本香薷、薰衣草等。

11.22 **彩叶地被植物 colored-leaf cover plant** 指叶色丰富的观叶类地被植物，通常表现为全叶花叶或叶缘、叶片中部有色彩的条纹、斑块等。如彩叶草、五色苋、金叶薯等。

11.23 **观叶地被植物 ornamental foliage plants; foliage ornamentals** 以观叶为主的地被植物。一般具有叶色美丽，叶形奇特或四季常青等特点，可用于林下和林缘。如玉簪、玉带草、鸢尾等。

11.24 **观花地被植物 flower ornamentals ground-cover plant** 指花期长、花色艳丽的低矮植物，开花期以花取胜。如百日草、矮牵牛、美女樱等。

11.25 **观果地被植物 ornamental fruit plants** 以观赏果实的形状与颜色为主的地被植物，以奇、巨、丰为准。如蛇莓、平枝枸子、欧洲火棘等。

11.26 **自播地被植物 self-sowing cover plant** 能够通过自播繁殖更新复苏的地被植物。如二月兰、紫花地丁、蒲公英等。

11.27 **地被层 ground cover layer** 覆盖于地表的低矮植物及其残体组成的层次，通常可分为死地被层和活地被层。

11.28 **死地被层 death ground-cover plant layer**　指覆盖于地表的无生命的非生物层，包括枯枝落叶、粉碎后的树皮、碎木片及卵石、陶粒等无机材料。

11.29 **活地被植物层 living ground-cover plant layer**　指覆盖于地表的有生命的地被植物层。通常由植丛低矮，生长致密的苔藓、矮小草本和矮小半灌木等构成。

11.30 **一、二年生草本地被植物 annual or biennial herbaceous ground cover plant**　在一个或两个生长季内完成全部生活史的地被植物。如二月兰、万寿菊、小百日草等。

11.31 **宿根花卉 perennial flowers**　地下部分宿存可持续数年的草本观赏植物。如萱草、紫菀、皱叶剪秋萝、松果菊等。

11.32 **球根花卉 flowering bulbs**　植株地下部分变态膨大，有的在地下形成球状物或块状物，大量贮藏养分的多年生草本花卉。如石蒜、大花葱、大花美人蕉等。

11.33 **景天类地被植物 sedum ground-cover plant**　可生长于干地或石上的多年生、肉质景天科地被植物，具有根系浅而抗性强，耐旱、耐贫瘠、耐热、抗风等特点，非常适宜于屋顶绿化。如佛甲草、费菜、景天三七等。

11.34 **矮灌木地被植物 dwarf-shrub ground-cover plant**　植株低矮茂密，丛生性强，有些呈匍匐状、铺地速度快、覆盖效果好的灌木。如多花胡枝子、金叶莸、扶芳藤等。

11.35 **藤本地被植物（攀缘、垂吊）vine ground-cover plant**　指主茎细长而柔软，自身不能直立，匍匐于地面形成覆盖层的地被植物。如五叶爬山虎、络石、常春藤等。

11.36 **矮竹地被植物 dwarf-bamboo ground-cover plant**　茎秆比较低矮，且养护管理粗放的竹类。如菲百竹、箬竹、鹅毛竹、凤尾竹等。

11.37 **蕨类地被植物 fern ground-cover plant**　植株低矮的蕨类

植物，是优良耐阴地被植物。如荚果蕨、狗脊蕨等。

11.38 观赏植物 ornamental plant，landscape plant 具有一定观赏价值，适用于室内外布置、美化环境并丰富人们生活的植物。

11.39 景观地被 landscape ground-cover 园林建设中，主要用来形成具有自然野趣、色彩鲜艳、花团紧簇的独特地被景观。

11.40 景观边界 landscape boundary 在特定时空尺度下，相对均质的景观之间所存在的异质性过渡区域。

11.41 季相景观 seasonal phenomena 植物随季节变化呈现出的周期性的相貌、色彩变化的景观。

11.42 缀花草地 grassland scatterd flowers 自然或人工点缀了观花地被植物的草地。

11.43 观赏草类地被植物 ornamental ground-cover grass 指以叶色、茎（秆）、花（序）或株（丛）型为主要观赏部位的美丽具有特色的草本植物的统称，以禾本科植物为主，常见的还有莎草科、灯心草科、花蔺科的植物。

11.44 水生植物 aquatic plants 指生活在不同水深处的土壤中或漂浮在水中的植物，也包括在其生命周期内有短时间生活在水中的植物。根据生活型不同可分为沉水类植物、浮水类植物、挺水类植物。

11.45 水生植被 hydrophytic vegetation 生长在水域环境，由水生植物组成的植物群落。其种类组成包括低等与高等水生植物。

11.46 步石间地被 stepping-stone cover plant 栽植于步石之间的具有耐践踏、恢复力强的地被植物种类。

11.47 树池、树坛地被 tree grate cover plant 种植在树池或树坛中的低矮、耐旱、抗涝、覆地效果好、观赏性强的地被植物。

11.48 绿地率 green looking ratio，greening rate，ratio of green space 一定城市用地范围内，各类绿化用地总面积占该城市用地面积的百分比。

11.49 地被组合 combination of ground cover plant 指不同种类的地被植物的混合建植以达到较高抗逆性和自然野趣的效果。

11.50 林缘 edge of forest 森林的边缘地带。

11.51 地被植物资源 cover plant resources 指那些有一定观赏价值，可适应各种环境覆盖地面的多年生草本、灌木以及藤本植物资源。

11.52 地被植生带 belt planting 将种子或草质茎撒在两层无纱布之间胶结复合而成的绿化材料。

11.53 基础种植 foundation planting 在建筑物或构筑物的基础周围进行绿化。

11.54 丛植 clump planting 由二株以上同种类的树种较紧密种植在一起的种植方式。

11.55 片植 large area planting 同一种植物材料的大面积栽植的种植方式。

11.56 列植 linear planting 植物成行成带栽植，沿直线或曲线以等距离或按一定的变化规律而进行的种植方式。有单列、对列和多列等方式。

11.57 混植 mixture planting 根据植物的生物学特性，在同一地段内，多种植物进行配置的种植方法。

11.58 群植 group planting，mass planting 指由二三十株以上至数百株左右的乔、灌木成群配置的种植方法。

11.59 配植 plant arrangement 不同植物种类或同种植物不同花色、不同株型之间进行搭配的种植方法。

11.60 **种植间距 space between plants** 种植植物时一棵植物同相邻植物的距离。

11.61 **草灌混栽 shrub and herbaceous mixed planting** 指在同一地段内将各种习性相近的草本植物和低矮灌木进行混合栽植的方式。

11.62 **草卉混栽 grass and flower mixed planting** 是指在同一地段内将各种习性相近的草本植物和花卉进行混合栽植的方式。

11.63 **基底 basement** 绿地植物群落景观中分布最广、连续性最大的背景结构。具有点缀主要景观的作用，同时可以起到一定的过渡作用。

11.64 **容器育苗 container nursery** 用具有特定养分及养分丰富的培养土等基质容器培育作物或果树、花卉、林木幼苗的育苗方式。

11.65 **种子繁殖 seed breeding** 即有性繁殖，即利用雌雄授粉杂交而结成种子来繁殖后代。

11.66 **分株繁殖 division propagation** 就是将花卉的萌蘖枝、丛生枝、吸芽、匍匐枝等从母株上分割下来，另行栽植并成为独立新植株的方法，一般适用于宿根花卉。

11.67 **扦插繁殖 cutting propagation** 利用植株营养器官插入疏松润湿的土壤或细沙中，生根抽枝成为新植株的繁殖方式。按取用器官不同，又有枝插、根插、芽插和叶插之分。

11.68 **压条繁殖 layering propagation** 将植物的枝、蔓压埋于湿润的基质中，待其生根后与母株割离，形成新植株的繁殖方式。

11.69 **种植成活率 ratio of living tree** 种植植物的成活株数占种植植物总数的百分比。

11.70 花期控制 **flowering time regulator** 使用人工方法控制花卉的开花时间和开花量的方法。常用方法有温控法、光控法、水控法、修剪法、药控法等。

11.71 催延花期 **forcing or delaying flowering season** 根据植物开花习性及其生长发育规律，利用和创造环境条件，加速或延缓开花，达到控制花期的技术。

11.72 生长季 **growing season** 植物从萌发到枯死所经历的时间。

11.73 促成栽培 **forcing culture** 使花卉提前开花的措施。

11.74 覆土建植 **topsoil planting** 将含有植物根茎和匍匐茎的土壤直接撒于坪床上的一种建坪方法。

11.75 实生苗 **seedling** 直接由种子繁殖的苗木。

11.76 苗龄 **age of young plant or seedling** 树苗或花苗的年龄。

11.77 苗高 **height of young plant** 自地表至苗顶端的高度。

11.78 根茎 **rhizome** 植物生长在土层中的茎。其特征是有节和节间、节上产生地上枝条（蘖）。

11.79 根冠比 **root-shoot ratio** 植物地上部分与地下部分鲜重或干重之比值。

11.80 花架 **pergola，trellis** 可攀爬植物，并提供游人遮阴、休憩和观景之用的棚架或格子架。

11.81 模纹花坛 **carpet flower bed** 用低矮细密的观叶植物，按照设计图案种植，并精细管理，形成各种花色图案的花坛。

11.82 标题式花坛 **topic outline flower bed** 花坛中的观叶植物修剪成文字、肖像、动物、时钟等形象，使其具有明确的主题思想。

11.83 立体模纹花坛 **stereoscopic mould mark flower bed** 使用一定的硬质材料为骨架，在其上覆盖营养土种植低矮细密观叶植物，形成各种形象的花坛。

11.84 **花台 raised flower bed** 在40~100cm高的空心台座中填土并栽植观赏植物。

11.85 **花境 flower border** 模拟自然界中林地边缘地带多种野生花卉交错生长的状态，运用艺术手法设计的一种将花卉布置于绿篱、栏杆、建筑物前或道路两侧的园林形式，以宿根花卉为主，配以花灌木、一二年生花卉、球根花卉等，表现植物的个体美及植物组合的群体美。

11.86 **花池 framed flower bed** 由草皮、花卉等组成的具有一定图案画面的地块。

11.87 **花箱 flower box** 用木、竹、瓷、塑料等材料制成的，专供花灌木或草本花卉栽植使用的箱。

11.88 **花篱 flower hedge** 用开花植物栽植、修剪而成的一种绿篱。

11.89 **不凋花 everlasting flowers** 各种花卉的干制品，也包括人工喷涂颜色的人工干制的花草。

11.90 **窗园 window garden** 利用窗台、阳台或窗外的空间，以观赏植物为主，布置成的袖珍园地。

11.91 **墙园 wall garden** 在垂直的墙面上，用悬挂的框架、格子架、凹入的壁龛、透孔的窗洞等创造种植条件或放置盆栽花卉的装置，称为墙园。

11.92 **悬篮 hanging basket** 用多年生常绿观赏植物，种于悬于半空的铁丝篮中，经多年培养和人工引导、盘扎，形成悬垂的大花篮。

11.93 **季相 season aspect** 主要植物层片在群落结构和颜色上由于季节更替引起的变化。

11.94 **冠幅 crown diameter** 指树（苗）木的南北或者东西方向的宽度。

11.95 **覆盖度 cover degree** 在单位面积内植被的垂直投影面积所占百分比。

11.96 **绿篱 hedge** 由灌木或小乔木以近距离的株行距密植，栽成单行或双行，紧密结合的规则的种植形式。

11.97 **绿篱植物 hedge plant** 适宜栽植绿篱的植物。

11.98 **屋顶花园 roof garden** 在建筑物屋顶上建造的花园。

11.99 **带状公园 linear park** 沿城市道路、城墙、水系等有一定游憩设施的狭长型绿地。

11.100 **公园绿地 public park** 向公众开放的、以游憩为主要功能，有一定的游憩设施和服务设施的绿地。

11.101 **岩石园 rock garden** 用岩石和土壤创造岩生生态环境，以岩生植物为主建造的景观，附属于公园内或独立设置的专类公园。

11.102 **风景林地 scenic forest land** 以满足人类生态需求，美化环境为主要目的，分布在风景名胜区、森林公园、度假区、狩猎场、城市公园、乡村公园及游览场所内的林地。

11.103 **立体绿化 vertical planting** 利用除地面资源以外的其他空间资源进行绿化的方式。

11.104 **道路绿地 green space attached to urban road and square** 城市道路广场用地内的绿地。

11.105 **城市绿化 urban greening, urban planting** 在城市中植树造林、种草种花，把一定的地面（空间）覆盖起来的活动。

11.106 **庭院绿化 courtyard landscaping** 以植物材料为主美化庭院的一系列措施。

11.107 **城市绿地 urban green space** 城市中以栽植树木花草和布置配套设施，基本上由绿色植物所覆盖，并赋予一定的功能与用途的场地。

11.108 **楔形绿地** **green wedge** 从城市外围嵌入城市内部的绿地，因反映在城市总平面图上呈楔形而得名。

11.109 **林荫道** **boulevard** 在道路中轴、两侧或一侧进行绿化形成浓荫宽阔的带状街头绿地。

11.110 **小冠花**（*Coronilla varia* **L.**） **crown vetch** 豆科小冠花属多年生蔓性草本植物。株高 30~40cm。花冠玫红色，花期6~9月。喜光，耐半阴，耐寒，耐旱，耐瘠薄。适合于花境、片植、林缘、护坡栽培。

11.111 **白三叶**（*Trifolium repens* **L.**） **white clover** 又名车轴草、荷兰翅摇。豆科三叶草属冷季型多年生草本植物。株高 10~25cm。花序球形，白色或淡红色，花期5~6月。喜湿润，不耐阴，耐干旱，耐瘠薄土壤。适宜观叶观花，片植、林缘、岩石园、庭院。

11.112 **百脉根**（*Lotus corniculatus* **L.**） **herb of birdsfoot trefoil** 豆科百脉根属多年生草本植物。株高 20~40cm。花冠黄色，花期5月中旬至9月下旬。喜光，耐半阴，耐寒，耐旱，不择土壤。适宜片植、花境、林缘、色块栽植。

11.113 **山野豌豆**（*Vicia amoena* **Fisch. ex DC.**） **wild vetch** 豆科野豌豆属多年生草本植物。株高 40~100cm。茎四棱。花蓝紫色或蓝色，花期7~9月。喜光，耐半阴，耐寒，耐旱。适宜岩石园、假山、石边、背景材料。

11.114 **野火球**（*Trifolium lupinaster* **L.**） **wild fireball trefoil** 豆科车轴草属多年生草本植物。株高达 60cm。花多数，密集于总花梗顶端呈头状，淡红色到紫红色，花期6~10月。可做花境材料，为蜜源植物及优良牧草。

11.115 **草木樨** [*Melilotus officinalis*（**L.**）**Pall.**] **daghestan sweetclover** 豆科草木樨属一年生或二年生草本植物。

株高 40~90cm。总状花序腋生，花黄色，花期 5~9 月。生长健壮，耐寒，抗旱能力强。适宜郊野公园空旷地栽植。

11.116 **糙叶黄芪**（*Astragalus scaberrimus* Bge.）**coarseleaf milkvetch** 豆科黄芪属多年生草本植物。株高 5~15cm。总状花序，花白色，花期 4~5 月。喜光和通风环境，耐高温，耐旱。适于公园绿地、城市广场、城市道路绿地的建植。

11.117 **兰花棘豆**［*Oxytropis coerulea*（Pall.）DC.］**skyblue-flower crazyweed weed** 豆科棘豆属多年生草本植物。株高 10~30cm。总状花序基生，花蓝紫色，花期 6~8 月。喜光，耐寒，耐旱性差。用于布置野生花卉园及栽植于林缘、花境等。

11.118 **库拉三叶草**（*Trifolium ambiguum* Kura）（Caucasian）**clover** 豆科三叶草属多年生草本植物。株高 40~60cm。花白色至淡粉色，花期 5~6 月。喜温暖，耐干旱。耐粗放管理，适宜道路护坡或片植等。

11.119 **紫花苜蓿**（*Medicago sativa* L.）**alfalfa，lucerne** 豆科苜蓿属多年生草本植物。株高 20~30cm。花粉紫色，花期 4~8 月。喜温暖干燥气候，耐寒性强，抗旱能力强，忌积水。适宜林下、林缘、花径、片植等。

11.120 **北景天**（*Sedum kamtschaticum* Fisch.）**orange stone crop** 景天科景天属多年生草本植物。株高 15~40cm。花黄色，花期 6~7 月。喜光，耐寒，耐旱，稍耐阴，不择土壤，忌湿涝。可布置花坛、花境或成片栽植，也可点缀岩石园。

11.121 **八宝景天**（*Sedum spetabile* Boreau.）**showy sedum** 景天科景天属多年生草本植物。株高 30~50cm。花粉色

和白色、玫红色，花期 7～9 月。喜光，耐半阴，耐寒，耐旱，耐瘠薄，忌积水。适用于做花境、花坛、成片状或条状栽于路边，也可丛植于岩石旁，用于坡体和屋顶绿化。

11. 122 **垂盆草**（*Sedum sarmentosum* Bunge） **stringy stonecrop** 景天科景天属多年生草本植物。株高 10～20cm。花黄色，花期 7～9 月。喜光，耐寒，抗旱，耐瘠薄，忌积水，不耐践踏。适宜坡体、岩石园、封闭式绿地或屋顶花园布置。

11. 123 **费菜**（*Sedum aizoon* L.） **aizoon stonecrop** 景天科景天属多年生草本植物。株高 20～30cm。花黄色，花期 7～9 月。喜光，耐寒，耐旱，不择土壤，3 月中旬返青。适宜做花坛、花境、护坡地被，屋顶绿化材料。

11. 124 **佛甲草**（*Sedum lineare* Thunb.） **buddhanail** 景天科景天属多年生草本植物。株高 10～20cm。花黄色顶生，花期 6～9 月。喜光，耐寒，耐旱，耐半阴，不择土壤，忌雨涝。适宜做屋顶绿化材料。

11. 125 **百里香**（*Thymus mongolicus* Ronn.） **mongo thyme** 唇形科百里香属多年生草本或半灌木。株高 15～20cm。花亮紫至白色，花期 5～7 月。喜光，稍耐半阴，耐寒，耐旱，怕雨涝积水。芳香植物，适宜花坛边缘、岩石园、坡地、林缘或广场。

11. 126 **并头黄芩**（*Scutellaria scordifolia* Fisch. ex Schrank） **twinflower skullcap** 唇形科鞘蕊花属多年生草本植物。株高约 30～50cm。茎四棱。叶色鲜艳。总状花序顶生，花小淡蓝或带白色，花期 7～10 月。喜湿性植物，适应性强，温度低于 5℃ 则枯死。可做夏、秋季花坛、花境配置。

11. 127 彩叶草（*Coleus blumei* Benth.） common coleus, painted nettle　唇形科随意草属多年生草本植物。株高 30 ~ 60cm。穗状花序顶生，小花密集，有深粉、浅粉、白色，花期 7 ~ 10 月。喜光，较耐寒，喜排水良好的沙质壤土。夏季盛花适于花坛、花境、片植等。

11. 128 藿香［*Agastache rugosus*（Fisch. et Meyer） Kuntze.］ wrinkled gianthyssop　唇形科藿香属多年生草本植物。株高 70 ~ 120cm。茎四棱形。穗状花序，花冠淡紫蓝色，花期 6 ~ 9 月。喜光，耐寒，耐旱，不择土壤，生长势强。适宜大面积栽植，远景群植或色块。

11. 129 假龙头（*Physostegia virginiana* Benth.） false dragonhead　唇形科黄芩属多年生草本植物。株高 30 ~ 60cm。茎直立向上或斜生，四棱形。总状花序，花冠紫红色或蓝色，花期 5 月下旬至 9 月中旬。喜光，耐寒，耐旱，抗性强。适宜片植、林缘、花境等。

11. 130 黄芩（*Scutellaria baicalensis* Georgi） skullcap　唇形科黄芩属多年生草本植物。株高 30 ~ 60cm。总状花序，花冠紫红色或蓝色，花期 5 月下旬至 9 月中旬。喜光，耐寒，耐旱，抗性强。适宜片植、林缘、花境等。

11. 131 蓝花鼠尾草（*Salvia farinacea* Benth.） mealycup sage　唇形科鼠尾草属多年生草本植物。株高 40 ~ 60cm。茎多分枝。总状花序，花冠蓝紫色，花期 7 ~ 9 月。喜光，较耐寒，耐旱，忌干热。适宜片植、丛植、花坛、花境等。

11. 132 连钱草（*Glechoma longituba* Kupr.） longtube ground ivy　唇形科活血丹属多年生草本植物。具匍匐茎。耐阴性极强，繁殖容易，抗性强。适于片植，花坛、花境、月季花池底色，林下或背阴处种植。

11. 133　　绵毛水苏（*Stachys lanata* Jacq.）lanate betony　　唇形科水苏属多年生草本植物。株高 15～25cm。全株被白色绵毛。轮伞花序，花红紫色，花期 6～7 月。喜光，耐寒，耐热，忌积水。生长快，适于片植或花境等。

11. 134　　夏枯草（*Prunella vulgaris* L.）common selfheal　　唇形科夏枯草属多年生草本植物。株高 10～30cm。轮伞花序，花冠紫色、蓝紫色、粉色、白色，花期 5～10 月。喜光，耐旱，稍耐寒，忌雨涝积水。植株低矮，适宜花境、花坛、适于成片或块状栽植。

11. 135　　荆芥（*Nepeta cataria* L.）catnip　　唇形科荆芥属多年生草本植物。株高 40～60cm。花冠浅红紫色，花期 5～10 月。耐寒，耐旱，适应性强。适宜大面积栽植于花境、花带、色块等。

11. 136　　美国薄荷（*Monarda didyma* L.）oswegotea　　唇形科美国薄荷属多年生草本植物。株高 30～80cm。头状花簇生于叶腋，花重瓣有红色、粉色、紫色等，花期 6～8 月。喜光，耐寒，耐旱，忌水涝。适宜花境、花坛、林缘、片植于路边。

11. 137　　岩青兰（*Dracocephalum rupestre* Hance）rupestrine greenorchid　　唇形科青兰属多年生草本植物。株高 15～30cm。茎直立或斜生，有时分枝，四棱。叶对生。轮伞花序腋生，密集于茎上部，花蓝紫色，花期 8～9 月。耐寒，耐阴，喜潮湿环境。适宜林下或湿地栽植。

11. 138　　赤胫散（*Polygonum runcinatum* Buch. -Ham.）redshin powder　　蓼科蓼属多年生草本植物。株高 50～80cm。植株茎叶呈紫红色，可通过修剪控制植株高度。喜光，耐半阴，忌强光照射，耐旱，较耐寒。适宜布置花境或栽于路边。

11.139 头花蓼 (*Polygonum capitatum* Buch. -Ham. ex D. Don)
headflower knotweed 蓼科蓼属多年生草本植物。匍地
生长，株高 10～15cm。茎叶呈红色。花红色，花期 5～
6 月和 8～10 月。喜光，耐旱，耐热，对土壤要求不严，
生长势强。南方优良地被植物，可在北京较好小气候环
境下栽植。

11.140 山荞麦 [*Polygonum aubertii* (L.) Henry] **silver-vine
fleeceflower** 蓼科蓼属半灌木状藤本植物。长达 10～
15m。花小，白色，花期 8～10 月。喜光，耐寒，耐旱。
管理粗放，为优良的垂直绿化材料，也可作地被植物
栽培。

11.141 百日草 (*Zinnia elegans* Jacq.) **common zinnia** 菊科百
日草属一年生草本植物。株高 20～70cm。花色白、黄、
粉、红橙和双色，花期 7～10 月。喜温暖和光照充足，
耐旱，忌水湿。可作花坛、花境、色块。

11.142 小百日草 (*Zinnia angustifolia* HBK.) **common zinnia**
菊科百日草属一年生草本植物。株高 30～50cm。花橙黄
色，花期 7～10 月。喜温暖和光照充足，耐旱，不耐寒，
忌连作。适宜盆栽或配置花坛。

11.143 波斯菊 (*Cosmos biplinnatus* Cav.) **common cosmos**
菊科秋英属一年生草本植物。株高 1～2m。花白、粉红
等，花期 6～10 月。喜光，耐旱，耐贫瘠，不耐寒，忌
积水。适宜成片布置花境、草地边缘、树丛周围和路旁
做背景，矮生品种可作盆栽。

11.144 春白菊 (*Chrysanthemum leucanthemum* L.) **ox-eye daisy** 菊科滨菊属多年生草本植物。株高 30～70cm。花白
色，花期 5～7 月。喜光，较耐寒，适应性强，绿期长。
适宜栽植庭院、路边、林缘，丛植效果好。

11. 145 　甘野菊（*Dendranthema lavandulifolium* Ling et Shih var. *seticuspe* Shih Seta）**lavenderleaf daisy**　菊科菊属多年生草本植物。花黄色，9 月下旬开花，国庆期间进入盛花期。耐旱，耐阴，耐瘠薄。管理粗放，适于山坡绿化、公路护坡，也可植于公园或庭院中增添野趣。

11. 146　荷兰菊（*Aster novi-belgii* L.）**Michaemas daisy**　菊科紫菀属多年生草本植物。株高 40~80cm。花淡紫色、紫色等，花期 8~9 月。喜光、耐寒，耐旱，耐修剪，不择土壤，忌水涝。可布置于花坛、花境或片植坡地、庭院、街道和路边，也可作盆栽观赏或作切花。

11. 147　大花金鸡菊（*Coreopsis grandiflora* Hogg.）**bigflower coreopsis**　菊科金鸡菊属多年生草本植物。株高 30~60cm。花黄色，花期 5 月下旬至 7 月。喜光，耐寒，耐旱，耐热。适宜花坛，花境、草地边缘、坡地等。

11. 148　蓝刺头（*Echinops latifolius* Tausch.）**broadleaf globe-thistle**　菊科蓝刺头属多年生草本植物。株高 40~100cm。头状花序集合成圆球形，花浅蓝色，花期 6~9 月。喜光，耐寒，耐旱，耐瘠薄。适宜点缀或与地被植物相间配置，以及庭院、花坛、花境、切花。

11. 149　蒲公英（*Taraxacum mongolicum* Hand. -Mazz.）**mongol dandelion**　菊科蒲公英属多年生草本植物。株高 20~30cm。花黄色，花期 4 月上旬至 6 月中旬。喜光，耐寒，耐旱、不择土壤。适宜花境、林缘、点缀草地。

11. 150　日光菊（*Heliopsis scabra* Dunal）**rough heliopsis**　菊科赛菊芋属多年生草本植物。株高 60~120cm。花黄色，花期 7~10 月。喜光，耐旱，耐寒，耐瘠薄。春夏栽植为主，适宜丛植、片植于路边，林边或庭院，可作为花境背景材料等。

11.151 松果菊（*Echinacea purpurea* Moench.） **purple coned-daisy** 菊科松果菊属多年生草本植物。株高 60~120cm。花色粉紫或白色，花期 6~7 月。喜光，耐寒，耐旱，稍耐半阴，可栽植于花坛、花境、篱边、山前，还可片植。

11.152 千叶蓍草（*Achillea millefolium* L.） **common yarrow** 菊科蓍草属多年生草本植物。株高 30~60cm。花序复伞房状，粉红色、淡紫红色或黄色，花果期 6~8 月。喜光，耐寒，耐旱，适应性强。可做观叶植物，也可成片或带状栽植于林缘。

11.153 蛇鞭菊（*Liatris spicata* Willd.） **button snakeroot** 菊科蛇鞭菊属多年生草本植物。株高 60~100cm。穗状花序坚挺直立达 30cm，花紫红色、白色，花期 6~8 月。喜光，较耐寒，耐粗放管理。适宜自然式花境、庭院布置，点植或与地被相间栽植。

11.154 亚菊［*Ajania pallasiana*（Fisch. ex Bess.）Poljak.］ **common ajania** 菊科亚菊属常绿亚灌木。丛生。叶缘银白色。深秋开金黄色小花，花量大。适应性强，抗热，也较耐寒。林缘镶边，树堰覆盖，也适于片植观赏或配置，以及屋顶绿化。

11.155 宿根天人菊（*Gaillardia aristata* Pursh.） **perenniai gaillardia** 菊科天人菊属多年生草本植物。株高 30~50cm。花色有黄、金黄、橙黄、大红等，花期 6~10 月。喜光，耐寒，耐旱，耐瘠薄，绿期较长。适宜花坛、花境、林缘、片植和屋顶绿化材料。

11.156 小红菊［*Dendranthema chanetii*（Lévl.）Shih］ **chanet daisy** 菊科菊属多年生草本植物。株高 10~35cm。花粉红色，花果期 9~10 月。喜光，耐旱，耐瘠薄。可作

色块栽植，也可作为观花地被应用。

11.157 万寿菊（*Tagetes erecta* L.） **Aztec marigold** 菊科万寿菊属一年生草本植物。株高 30～90cm。花黄色或橙色、复色，花期 7～10 月。喜温热，不耐寒，耐瘠薄。适宜花坛、花境、庭院、色块等。

11.158 紫菀（*Aster tataricus* L. f.） **tatarian aster** 菊科紫菀属多年生草本植物。株高 30～70cm。花淡紫色，花期 7～9 月。喜温和湿润气候，不耐旱，耐寒。适用于布置花坛、花境、岩石园。

11.159 大叶铁线莲（*Clematis heracleifolia* DC.） **tube clematis** 毛茛科铁线莲属多年生草本植物。株高 50～70cm。花蓝紫色，花期 6～9 月。喜光，可耐半阴，耐寒，耐旱。适宜花境做背景材料、林缘栽种。

11.160 匍枝毛茛（*Ranunculus repens* L.） **creeping buttercup** 毛茛科毛茛属多年生草本植物。具匍匐茎。花黄色，有光泽，花期 4～5 月。喜光又耐阴。可用于林缘、岩石旁、水景、坡面栽植，不耐践踏。

11.161 毛茛（*Ranuculus japonicus* Thunb.） **japan buttercup** 毛茛科毛茛属多年生草本植物。株高 30～60cm。花亮黄色，花期 5～9 月。喜光，耐寒，喜湿地、水边及半荫环境，不择土壤。适宜花坛、色带、片植等。

11.162 耧斗菜（*Aquilegia viridiflora* Pall.） **greenflower columbine** 毛茛科耧斗菜属多年生草本植物。株高 30～80cm。花下垂，有黄色、蓝色、白色及其他混色，花期 5～7 月。喜光，耐寒，耐旱，耐半阴。可栽植于林荫下，适于花坛、花境种植。

11.163 华北耧斗菜（*Aquilegia yabeana* Kitagawa） **yabe columbine** 毛茛科耧斗菜属多年生草本植物。株高 60cm。花

紫色，花期5~7月。喜光，耐寒，耐旱，喜半阴。适于林缘或疏林、花坛、花境、岩石园种植。

11.164 **白头翁** [*Pulsatilla chinensis* (Bunge) Regel] **China pulsatilla** 毛茛科白头翁属多年生草本植物。株高20~40cm，花紫色，花期4~5月，宿存花柱羽毛状，似白色绒球。性喜凉爽气候，耐寒，耐瘠薄，耐半阴，不耐盐碱。用于配置花坛、道路两旁林地空间，点缀草坪等。

11.165 **瓣蕊唐松草** (*Thalictrum petaloideum* L.) **petalformed meadowrue** 毛茛科唐松草属多年生草本植物。株高20~80cm。聚伞花序伞房状排列，花白色，花期6~7月。喜光，耐寒，耐旱。适宜花境、林缘，宜做背景材料。

11.166 **鹅绒委陵菜** (*Potentilla anserina* L.) **fernhemp cinquefoil** 蔷薇科委陵菜属多年生草本植物。株高15~20cm。花单生叶腋，黄色，花期4~9月。喜光，抗旱，耐瘠薄，生长速度快。10~11月寒冷时植株叶片变红。适宜林缘，可片植林下。

11.167 **委陵菜** (*Potentilla chinensis* Ser.) **China cinquefoil** 蔷薇科委陵菜属多年生草本植物。株高30~60cm。花黄色，花期5~6月。喜光，耐寒，耐旱，耐瘠薄。适用于庭院、岩石园，片植等。

11.168 **莓叶委陵菜** (*Potentilla fragarioides* L.) **dewberryleaf cinquefoil** 蔷薇科委陵菜属多年生草本植物。株高10~35cm。奇数羽状复叶。花黄色，花期4~5月。喜光，耐寒，耐旱，耐瘠薄。适用于庭院、岩石园、片植等。

11.169 **翻白委陵菜** (*Potentilla discolor* Bunge) **discolor cinquefoil** 蔷薇科委陵菜属多年生草本植物。株高20~40cm。

叶背面密被灰白色茸毛。花密集，黄色，花期 5 ~ 6 月。喜光，耐寒，耐旱。适用于庭院、岩石园、片植、花境等。

11. 170 **蛇莓** [*Duchesnea indica*（Andr.）Focke] India mock-strawberry　蔷薇科蛇莓属多年生草本植物。株高 10 ~ 20cm。具长匍匐茎。花黄色，花期 4 月下旬至 10 月中旬。喜光，耐半阴，耐旱，抗寒，不择土壤。适宜林下，特别是常绿树下片植。

11. 171 **月季**（*Rosa chinensis* Jacq.）China rose　蔷薇科蔷薇属落叶灌木。株高 1 ~ 2m。花色繁多，花期 4 ~ 10 月。喜温暖、湿润和阳光充足的环境，较耐寒，不耐高温，忌水涝。适宜庭院、阳台、花坛、花境、花墙等。

11. 172 **水杨梅**（*Geum aleppicum* Jacq.）aleppo avens　蔷薇科水杨梅属多年生直立草本植物。株高 30 ~ 60cm。花黄色、红色，花期 5 ~ 7 月。喜光，耐半阴，耐寒，耐旱，不择土壤。适宜片植或与地被植物混植，林缘、灌木旁。

11. 173 **地榆**（*Sanguisorba officinalis* L.）garden burnet　蔷薇科地榆属多年生草本植物。株高 50 ~ 100cm。穗状花序顶生，花暗红色，花期 6 ~ 8 月。喜光，耐半阴，耐寒。适宜做疏林下地被，也可作花境。

11. 174 **钓钟柳**（*Penstemon campanulatus* Willd.）beard-tongue　玄参科钓钟柳属多年生草本植物。株高 20 ~ 50cm。圆锥花序，花色白色、红色、粉色、紫色，花期 5 ~ 6 月。喜向阳环境，较耐寒，耐阴。可在北京较好小环境条件下栽种，适宜作花境配置等。

11. 175 **轮叶婆婆纳** [*Veronicastum sibiricum*（L.）] Bastard Speedwell　玄参科腹水草属多年生草本植物。株高 1m。

花序顶生，长尾穗状花序，花期7月。喜光，耐寒，也可耐半阴。适宜花境群植，点缀林缘、草地和岩石园。

11.176 **长尾婆婆纳**（*Veronica longifolia* L.） **rabbittail seeding** 玄参科婆婆纳属多年生草本植物。株高40～80cm。总状花序顶生，花蓝紫色，花期6～10月。喜光，耐寒、稍耐旱，可以通过修剪来调节株高。适宜片植、色带等。

11.177 **毛蕊花**（*Verbascum thapsus* L.） **mullein** 玄参科毛蕊花属二年生草本植物。株高50～70cm。穗状花序，花黄色，花期5～6月。喜光或耐半阴，耐寒，喜排水良好的土壤。适宜点缀栽植，庭院、与地被植物混植。

11.178 **夏堇**（*Torenia fournieri* Lindl. ex Fourn.） **blue butter-flygrass** 玄参科蝴蝶草属一年生草本植物。株高20～25cm。花淡紫色，花期6～10月。喜温暖湿润与半阴条件，不耐霜冻、暑热及干旱。适于盆栽、阳台、片植、花坛等。

11.179 **二月蓝**（*Orychophragmus violaceus* L.） **vioiet orychophragmus** 十字花科诸葛菜属二年生草本植物。株高30～50cm。花蓝紫色、浅紫色或白色，花期3～5月。喜冷凉、湿润和阳光，耐半阴，较耐寒，耐旱，耐瘠薄。适宜林缘，点缀空地、片植林下。

11.180 **羽衣甘蓝**（*Brassica oleraca* var. *acephaia* f. *trcoior* Hort. Kaies.） **borecole** 十字花科甘蓝属二年生草本植物。株高30～40cm。叶宽大，叶色丰富，有紫红、粉红、白色、黄色、黄绿色等，观赏期为12月至翌年2月。喜光，耐寒，喜凉爽，极喜肥。冬季与早春重要观叶植物，用于布置花坛、花境等。

11.181 **岩生肥皂草**（罗勒肥皂草）（*Saponavia ocymoides* L.） **basil-like soap-wort** 石竹科肥皂草属多年生草本植物。

株高 20～30cm。花粉红色，花期 4～6 月。耐寒，耐旱，生长旺盛，抗性强。适宜花坛花境、色带、岩石园配置等。

11.182 肥皂草（*Saponaria officinalis* L.）soapwort 石竹科肥皂草属多年生草本植物。株高 40～80cm。花白粉色，花期 6～9 月。喜向阳、湿润环境，耐寒，耐旱，不择土壤。适宜作背景、花坛、花境、路边、丛植、片植。

11.183 石竹（*Diranthus chinensis* L.）Chinese pink，rainbow pink 石竹科石竹属多年生草本植物。株高 20～40cm。花淡红色、粉红、白色或复色，花期 5～9 月。喜光，耐寒，耐旱，怕酷热，忌积水。适宜布置花坛、花境、岩石园、片植等。

11.184 皱叶剪秋罗（*Lychnis chalcedonica* L.）maltese cross 石竹科剪秋罗属多年生草本植物。株高 40～60cm。花鲜红色，花期 6～8 月，9～10 月稀疏有花。喜光，耐半阴，耐寒，忌雨涝。置于花坛、花境、路边，点缀于草地或沟边池畔等地。

11.185 丛生福禄考（*Phlox subulata* L.）moss phlox 花葱科福禄考属多年生草本植物。株高 10～20cm。花白、粉、玫红、紫色等，花期 4～6 月，9～10 月稀疏有花。耐旱，耐半阴，喜排水良好土壤。适宜花坛边缘，花坛、花境、色块。

11.186 宿根福禄考（*Phlox paniculata* L.）summer perennial 花葱科福禄考属多年生草本植物。株高 60～120cm。花浅粉色、白色等，花期 6～8 月。喜光，耐寒，怕炎热与干燥环境。适宜花坛、花境、丛植、片植等。

11.187 大花葱（*Allium giganteum* Rgl.）giantonion 百合科葱属秋植球根花卉。株高 20～60cm。大型球状花序，花紫

红色，花期 5 ~ 6 月。性喜凉爽气候，喜光，耐旱，忌积水。适宜花坛、花境、草坪上丛植。

11.188 **萱草**（*Hemerocallis fulva* L.） common orange daylily
百合科萱草属多年生草本植物。株高 30 ~ 60cm。花黄色、红色、有单重瓣之分，花期 6 ~ 8 月。喜光，耐旱，耐寒，忌雨水涝。适宜成片栽植，花坛、花境、色带、林间草地和坡地丛植，以观花和观叶兼顾。

11.189 **阔叶土麦冬**（*Liriope platyphylla* Wang et Tang） broadleaf liriope 百合科山麦冬属多年生常绿草本植物。株高 30 ~ 50cm。叶宽线形。总状花序淡紫色，花期 8 ~ 9月。喜温暖、湿润和半荫环境，耐寒，耐水湿，不耐干旱和盐碱。适宜花槽、装饰山石盆景，成片栽植于广场、景观路边。

11.190 **沿阶草**（*Ophiopogon japonicus* Ker-Gawl.） dwarf lilyturf 别名：麦冬，百合科沿阶草属多年生常绿草本植物。株高 20 ~ 30cm。叶线形。总状花序淡紫色，花期 8 ~ 9 月。喜温暖、湿润和半荫环境，较耐寒，忌强光和干旱。适宜台阶边缘、岩石园、假山，也可作花坛、花境的镶边材料。

11.191 **吉祥草**（*Reineckia carnea* Kunth） pink reineckia 百合科吉祥草属多年生草本植物。株高 30cm。根状茎。叶簇生根茎端。穗状花序，花粉白色，花期 8 ~ 9 月。喜温暖湿润，畏烈日，宜在半荫处生长，较耐寒，不耐涝。适宜花坛配置，园路旁灌丛下，是较好林缘地被植物。

11.192 **铃兰**（*Convallaria majalis* L.） lily-of-the-valley 百合科铃兰属多年生草本植物。株高 20 ~ 30cm。总状花序偏向一侧，小花 10 朵左右，下垂，花白色，花期 4 ~ 5 月。喜潮湿，耐寒，忌炎热。适宜在稀疏落叶林下、林缘栽植，岩石园、丛植、花境等。

11.193 **玉竹** [*Polygonatum odoratum*（Mill.）Druce] **fragrant solomonseal** 百合科黄精属多年生草本植物。株高10~40cm。花白色，花期5~7月。喜荫蔽环境，耐寒，耐旱。适宜林下、林缘、草丛与灌丛间。

11.194 **玉簪**（*Hosta plantaginea* Aschers.）**fragrant plantainlily** 百合科玉簪属多年生宿根草本植物。株高40~50cm。叶片颜色、大小、形状因品种不同有多种变化。花白色，花期7~9月。耐阴，忌强光照射，喜湿润。为优良的林下地被植物。

11.195 **紫萼** [*Hosta ventricosa*（Salisb.）Stearn] **blue plantainlily** 百合科玉簪属多年生草本植物。株高40~60cm。花淡紫色，花期7~9月。喜阴湿，耐寒，忌阳光，适宜林缘生长。用于布置花境，宜作阴处或林下地被植物。

11.196 **矮牵牛**（*Petunia hybrida* Vilm）**common petunia** 茄科矮牵牛属多年生草本植物，常作一、二年生栽培。株高29~60cm。花冠漏斗状，花色繁多，花期4~10月。喜光，不耐旱、寒，不耐高温，不耐湿。适宜花坛、花篮、花钵栽植。

11.197 **桔梗**（*Platycodon grandiflorus* A.DC.）**balloonflower** 桔梗科桔梗属多年生草本植物。株高30~100cm。花冠钟形，蓝紫色、白色、粉色等，花期6~9月。喜气候凉爽、阳光充足环境，具抗寒，耐旱，不择土壤。适宜切花、花坛、花境、植于路边、点缀于草坪间或片植。

11.198 **聚花风铃草**（*Campanula glomerata* L.）**danesblood bellflower** 桔梗科风铃草属多年生草本植物。株高50~70cm。花蓝紫色，花期7~9月。耐寒，喜冷凉、向阳

地，忌高温、多湿，在略有蔽荫处生长良好。

11.199 阔叶风铃草（*Campanula latifolia* L.） bellflower 桔梗科风铃草属多年生草本植物。株高60～100cm，花钟状五裂，花紫色，花期6～7月，性喜阳，耐寒耐旱。适宜花镜、片植和配置栽植。

11.200 紫斑风铃草（*Campanula puncatata* Lam.） spotted bell-flower 桔梗科风铃草属多年生草本植物。株高20～60cm。花白色钟形，内侧具紫色斑点，花期7～8月。喜光，耐寒，喜冷凉，忌高温多湿。适宜花坛、花境、岩石园等。

11.201 柳叶马鞭草（*Verbena bonariensis* L.） purpletop verbena 马鞭草科马鞭草属多年生草本植物。株高60～80cm，较整齐，不倒伏。穗状花序顶生，粉紫色，花期5～9月，一次花后进行修剪，8月又见二次花，花量仍较大。喜光，耐旱。适宜花带、花境、片植、聚合点缀。

11.202 细叶美女樱（*Verbena tenera* Spreng.） glandularia tenera 马鞭草科马鞭草属多年生草本花卉，常作1～2年生栽培。植株匍匐状。花有蓝、紫、红、粉红、白色等，花期5～9月。喜温暖气候，耐寒，耐贫瘠，不耐高温、干旱。适宜花坛、花境、边缘配置等。

11.203 落新妇 [*Astilbe chinensis* (Maxim.) Franch. et. Sav.] Chinese astilbe 虎耳草科落新妇属植物。株高40～80cm。花红色、白色、粉色等，花期7～8月。较耐寒、耐半阴，性喜疏松、富含腐殖质的酸性土壤。适宜林地、花坛、花境、花带、丛植或混植。

11.204 鸢尾（*Iris tectorum* Maxim.） roof iris 鸢尾科鸢尾属多年生草本植物。株高30～40cm。花淡蓝紫色、黄、白

等，花期4~6月。喜光，耐寒，耐旱，耐半阴。适宜做庭院点缀或专类园，花坛、花境、丛植、片植，部分品种可以水生或植于湖岸。

11.205 **德国鸢尾（*Iris germanica* L.）German iris** 鸢尾科鸢尾属多年生草本植物。株高30~50cm。花淡蓝紫色、黄、白等，花期5月。喜光，耐寒，耐旱，耐半阴。适宜做庭院点缀或专类园，花坛、花径、林缘。

11.206 **马蔺（*Iris lactea* Pall. var. *chinensis* Koidz.）Chinese iris** 鸢尾科鸢尾属多年生草本植物。株高30~40cm。花淡紫色、白色等花期4~6月。喜光，耐寒，耐旱，耐半阴。适宜做庭院点缀或专类园，花坛、花境、丛植、片植，部分品种可以水生或植于湖岸。

11.207 **美丽月见草（*Oenothera speciosa* Nutt.）pinkladies** 柳叶菜科月见草属植物。株高30~40cm。花粉色，花期5~7月，9~10月稀疏有花。适应性强，耐酸耐旱，对土壤要求不严，但不耐湿。开花美丽，夜晚开放，香气宜人，适宜于花坛、花境、庭院等。

11.208 **紫露草（*Tradescantia reflexa* Raf.）bluejacket** 鸭趾草科紫露草属多年生草本植物。株高30~50cm。花有蓝色、白色、红色，花期5~10月，清晨开花，午间闭合。喜光，耐半阴，耐寒，耐旱，怕涝，可作花坛、花境、林缘、路边栽植。

11.209 **宿根亚麻（*Linum perenne* L.）perennial flax** 亚麻科亚麻属多年生草本植物。株高20~50cm。花梗纤细，花蓝色，花期5~7月。喜光，耐寒，适宜肥沃及排水良好的土壤。适宜庭院、花坛、花境、岩石园，也可点缀于草坪之中。

11.210 **红花酢浆草（*Oxalis rubra* St. Hil.）corymb wood sor-**

rel 酢浆草科酢浆草属多年生草本植物。株高 30cm。花粉红色，花期 4 月中至 10 月。喜温暖、湿润和阳光充足环境，不耐寒，耐旱，忌高温干燥。适宜布置花坛、花境、花槽、成片栽植。

11. 211 **紫花地丁**（*Viola philippica* ssp. *munda* **W. Beck. Neat**）**philippine vioiet** 堇菜科堇菜属多年生草本植物。株高 4 ~ 12cm。花蓝紫或浅粉色，花期 3 月下旬至 8 月。喜光，耐寒，耐旱，适应性强但不耐热，忌雨涝。适宜花坛镶边、花境、色块及路边、混合地被栽植。

11. 212 **石蒜**（*Lycoris radiata* Herb.）**shorttube lycoris** 石蒜科石蒜属多年生球根植物。株高 30cm，叶线形，夏季枯萎。花红、白色，花期 7 ~ 9 月。喜温暖湿润的环境，适应性强，较耐寒，耐瘠薄。可植于草地边缘、林缘、稀疏林下或成片种植，花坛、花境的镶边材料，也可点缀于岩石缝间。

11. 213 **葱兰**［*Zephyranthes candida*（Lindl.）Herb.］ **autumn zephyrlily，while zephyranthes** 石蒜科葱兰属多年生草本植物。株高 20 ~ 30cm。花红、白等色，花期 6 ~ 9 月。喜光和湿润的环境，耐半阴，较耐寒。适宜草坪中自然式点缀，花坛、花境边缘，庭院小径，北方多做盆栽。

11. 214 **荚果蕨**［*Matteuccia struthiopteris*（L.）Todaro］ **ostrich fern** 球子蕨科多年生植物。株高可达 100cm。叶簇生，叶脉羽状。耐阴，耐寒、喜湿润环境。适宜林下、林缘作地被。

11. 215 **千屈菜**（*Lythrum salicaria* L.）**spiked loosestrife** 千屈菜科千屈菜属多年生草本植物。株高 60 ~ 120cm。花紫红色，花期 7 ~ 9 月。喜光，耐寒，抗病，浅水栽植或旱栽，适宜坡地地被、花坛、花境、庭院、成片栽植路边。

11.216 **大花美人蕉** ［*Canna generalis*（L. H.） Bailey］ large-
flower canna　美人蕉科美人蕉属多年生球根花卉。株
高 50～120cm。花色深红、橙红、黄、粉、乳白等色，
花期 6～10 月。喜光和温热气候，不耐寒。适宜花境、
花坛的中心材料，庭院、自然式栽植。

11.217 **荷包牡丹** ［*Dicentra spectabils*（L.） Hutchins.］ coloc-
weed　罂粟科荷包牡丹属多年生宿根草本植物。株高
30～50cm。地下茎横向生长稍肉质，总状花序无分枝。
花红色，下垂，花期 5～8 月。喜凉爽，耐寒，喜半荫，
忌夏季高温。适宜花坛、花境、庭院、林下等。

11.218 **蔓锦葵** ［*Callirhoe involucrate*（Torrey & A. Gray） A.
Gray］ poppy mallow　又名罂粟葵。锦葵科蔓锦葵属植
物。株高 20～30cm，匍匐生长，覆盖地面速度快。花浅
粉色，花期 5～7 月。耐旱，对土壤要求不严。适宜南方
地区栽植，北方小环境条件好的地区可栽种。

11.219 **蓝羊茅** （*Festuca ovina* var. *glauca* Hack.） blue fescue
禾本科羊茅属多年生冷季型草。株高 40cm。叶片狭细，
蓝绿色，春、秋季节为蓝色。中性或弱酸性疏松土壤长
势最好，稍耐盐碱。盆栽、片植或镶边。

11.220 **羊草** ［*Leymus chinensis*（Trin.） Tzvel.］ China leymus
禾本科赖草属多年生冷季型草。株高 40～50cm，茎秆易
倒伏。叶片灰蓝色。花期 6～8 月。耐旱、耐寒，耐践
踏，耐盐碱，适合护坡，或环岛种植，也可种植于隔
离带。

11.221 **狼尾草** ［*Pennisetum alopecuroides*（L.） Spreng.］ Chi-
na wolf tailgrass　禾本科狼尾草属暖季型草。株高 50～
120cm。花期 7～10 月，花序突出叶片以上，植株喷泉

状。喜光、耐高温，耐旱、耐寒，适应性强。非常适宜北京地区种植。在管理粗放的路旁或隔离带种植。

11. 222 **大油芒**（*Spodiopogon sibiricus* Trin.）**siberian spodiopogon** 禾本科大油芒属暖季型草。茎秆直立，株高150～180cm。圆锥花序，古铜色，花期7～10月。喜光照，耐旱、耐寒、耐热，不耐阴蔽，具有很好的适应性。适宜道路两侧种植，或高速公路沿线种植。

11. 223 **野古草**（*Arundinella anomala* Steud.）**common arundinella** 禾本科野古草属暖季型草。茎秆直立，株高70～100cm。圆锥花序紧缩，夏季为绿色，秋季变为紫色，花期7～10月。喜光，耐旱、耐寒、耐热，不耐阴蔽，适应性强。适宜公路两侧或隔离带种植，花境、丛植。

11. 224 **须芒草**（*Andropogon yunnanensis* Hack.）**Yunnan bluestem** 禾本科须芒草属暖季型草。株高120～150cm，秋天整个植株变为紫红色，白色柔毛伸出颖壳。喜光，耐干旱，耐瘠薄土壤。北京地区无须灌溉可正常生长发育。在园林中孤植或丛植应用，公路沿线或护坡种植。

11. 225 **拂子茅**［*Calamagrostis epigejos*（L.）Roth Chee］**woodreed** 禾本科拂子茅属暖季型草。株高120cm左右。圆锥花序，淡紫色，而后变为银灰色，始花期9月。耐炎热，耐盐碱，在湿润排水良好的土壤中生长旺盛。适宜单株或疏林种植。可在环岛或立交桥造景种植。

11. 226 **细茎针茅**（**长芒草**）（*Stipa bungeana* Trin. Bunge）**needlegrass** 禾本科针茅属多年生冷季型草。茎秆直立。株高40～80cm。穗状花序，花期5～10月。喜光，耐寒，耐贫瘠，耐旱性强。适宜孤植或片植。

11. 227 **发草**［*Deschampsia caespitosa*（L.）Beauv.］**fescueleaf hairgrass** 禾本科发草属多年生冷季型草。株高30～

50cm。叶片狭细，深绿色，密簇丛生。圆锥花序开展，淡绿色，花期 5 ~ 6 月。耐霜冻，不耐涝，全日照或半荫蔽条件下长势好。适宜片植、盆栽或做镶边材料。

11.228 **画眉草** ［*Eragrostis pilosa*（L.）**Beauv.** ］**India lovegrass** 禾本科画眉草属暖季型草。株高 40 ~ 80cm。开放型圆锥花序，花期 6 ~ 10 月。喜光，耐贫瘠，耐旱。适宜公路护坡种植，可孤植或用于花带、花境的配置。

11.229 **玉带草**（*Phalaris arundinacea* **var.** *picta* L.）**ribbon grass** 禾本科虉草属多年生草本植物。株高 30 ~ 50cm。叶线形，叶面绿色间有白或黄绿纹。花期 6 月中旬至 7 月中旬。抗寒，耐旱，耐热，喜湿润环境，生长十分强健，分蘖能力强。适宜片植、丛植、色带、护坡。

11.230 **涝峪薹草**（*Carex giraldiana* **KÜk**）**sedge** 莎草科薹草属多年生常绿草本植物。耐寒，耐旱，极耐阴，耐粗放管理。可广植于乔灌木之下、建筑物背阴处以及花境、花坛的边缘。

11.231 **青绿薹草**（*Carex leucochlora* **Bunge.**）**whitegreen sedge** 莎草科薹草属多年生草本植物。株高 30 ~ 40cm。叶片狭细，亮绿色。花果期 4 ~ 7 月。喜光，耐阴性较崂峪薹草差些。可广植于乔灌木之下等半荫处或大面积开阔地带、隔离带、屋顶绿化等。

11.232 **大花马齿苋**（*Portulaca grandiflora* **Hook.**）**bigflower purslane** 马齿苋科马齿苋属多年生草本植物。株高 10 ~ 20cm。叶互生，肉质。花杯状，有红、黄、粉红、浅紫、白色等，花期 7 ~ 9 月。喜温暖干燥和阳光充足环境，不耐寒，怕高温、高湿。适宜植于阳台、台阶、走廊、花坛等。

11.233 **四季秋海棠**（*Begonia semperflorens* **Link et Otto.**）**be-**

gonia fibrous-rooted 秋海棠科秋海棠属多年生草本植物。株高 15～30cm。花红色、粉色及白色，可四季开放。喜温暖气候，不耐寒和暴晒。适宜植于花坛、花境、庭院等。

11.234 **常春藤（*Hedera helix* L.）** **China ivy** 五加科常春藤属常绿灌木。茎长 5m。叶革质深绿色。花白色，花期 10 月。不耐干燥和风寒，喜温暖、湿润和半荫环境，较耐寒，怕强光，耐水湿。适宜攀附建筑物、围墙、陡坡、岩壁或覆盖地面。

11.235 **八角金盘（*Fatsia japonica* Decne. et Pianch.）** **Japan fatsia** 五加科八角盘属常绿灌木。株高 2～5m。叶具长柄革质。复伞房花序，花期 8～10 月。喜温暖湿润或局部耐阴，江南常绿。适宜在江南立交桥下作地面覆盖。

11.236 **扶芳藤（*Euonymus fortunei* Hand.-Mazz.）** **fortune euonymus** 卫矛科卫矛属常绿藤本植物。茎匍匐或攀缘。叶薄革质。花黄绿色，花期 6～7 月。喜温暖，耐阴，耐寒性不强。适宜掩盖墙面、老树干、山石，林缘、片植等。

11.237 **络石〔*Trachelospermum jasminoides*（Lindl.）Lem.〕** **China star jasmine** 夹竹桃科络石属常绿攀缘藤本植物。株高 1～3m。叶薄革质。花白色。喜温暖、湿润和阳光充足环境，耐寒，耐旱，耐阴，怕水涝。适用攀附墙壁、点缀山石和树干，成片栽植林下或空隙地。

11.238 **迎春（*Jasminum nudiflorum* Lindl.）** **winter jasmine** 木犀科素馨属落叶灌木。株高 2m。叶对生。花单生黄色，花期 2～4 月。喜光，耐寒，耐旱，忌涝，喜肥沃土壤。适宜建筑物周遍基础种植，花篱、坡地或堤岸、山石旁、孤植、丛植、庭院、岩石园等。

11.239　　**五叶地锦**（*Parthenocissus quinquefolia* Planch.）　Virginia creeper　葡萄科爬山虎属落叶藤本植物。长达5~20m。掌状复叶5裂，叶厚，秋叶变红。聚伞形花序，花淡绿色，花期7~8月。喜温暖气候，耐寒，耐阴，滞尘力强。适宜垂直绿化，可在空旷和护坡地被应用。

11.240　　**地锦**（*Parthenocissus tricuspidata* Planch.）　Japan creeper，Boston ivy　葡萄科爬山虎属落叶藤本植物。株高15~20m。喜光，耐寒，耐旱，耐阴，滞尘力强。蔓茎纵横，适宜墙面或空旷地、园林山石、坡地、护坡地被。

11.241　　**大花马齿苋**（*Portulaca grandiflora* Hook.）　bigflower purslane　马齿苋科马齿苋属多年生草本植物，常作一年生栽培。花朵杯状，有红、粉红、黄、紫、白、橙色等，花期夏季至秋季。喜温暖，干湿和阳光充足的环境，不耐寒，忌高温、多湿。适宜花坛、花境。

11.242　　**点地梅**［*Androsace umbellata*（Lour.）Merr.］　umbellate rockjasmine　报春花科点地梅属一年生或多年生草本植物。株高5~15cm。花白色，花期4~5月。喜光，耐旱。适宜与野牛草伴生，点缀于草坪，野花组合。

11.243　　**金叶过路黄**（*Lysimachia nummularia* 'Aurea'）　gold leaf loosestrife　报春花科珍珠菜属多年生草本植物。株高5cm。枝匍匐；叶对生，圆形，金黄色。花黄色，花期7~8月。喜光，稍耐阴，耐旱，较耐寒。适宜小环境绿化，庭院树坛。

11.244　　**醉蝶花**（*Cleome spinosa* Jacq.）　spiny spiderflower　白花菜科白花菜属一年生草本植物。株高可达90cm。花有白、粉、紫等色，花期6~8月。喜光，耐热，不耐寒。适宜花坛、花境、林缘、草地上成片栽植。

11.245　　**柳兰**（*Enpilobium angustifolium* L.）　great willow herb

柳叶菜科柳叶菜属多年生草本植物。株高60～90cm。花紫红色，花期6～9月。喜光，耐寒。用于布置野生花卉园，林缘、路边、堤坝旁，花境背景材料。

11.246 **富贵草**（*Pachysandra terminalis* Sieb. Et Zucc.） **Japanese spurge** 黄杨科富贵草属常绿灌木。株高30cm。叶革质，花白色，花期5～8月。喜阴湿处，耐寒，耐阴，入冬不凋，耐盐碱。适宜林下、林缘、建筑物背面。

11.247 **凌霄花** [*Campsis grandiflora*（Thb.）Losel.] **China trumpetcreeper** 紫葳科凌霄属落叶攀缘藤本植物。花橙红色，花期7～9月，喜温暖、湿润和阳光充足环境。较耐寒，耐干旱，耐半阴。配置于石壁、墙垣、棚架、假山、花廊等处。

11.248 **蔓花生**（*Arachis duranensis* Kvap. et Greg） **tendril peanut** 蝶形花科落花生属多年生草本植物。匍匐生长。花蝶形，金黄色，花期春季至秋季。在全日照及半日照下均能生长良好，并有较强的耐阴，耐旱，耐热性，对有害气体的抗性较强。可用于园林绿地、公路的隔离，根系发达，也可植于公路、边坡等地防止水土流失。

11.249 **金叶莸**（*Caryopteris clandonensis* 'Worcester Gold'） **gold leaf bluebeard** 马鞭草科莸属落叶小灌木。株高1.2m，叶面光滑，鹅黄色。花蓝紫色，花期7～9月。喜光，也耐半阴，耐寒，耐旱，耐热，怕涝。栽植于草坪边缘、假山及路边都很适宜，是很好的色块植物。

11.250 **金叶薯**（*Ipomoea batatas* 'Tainon No. 62'） **gold leaf morningglory** 旋花科番薯属多年生草本植物。茎略呈蔓性，叶呈心形或不规则卵形，偶有缺裂，叶色为黄绿色。性强健，喜光，不耐阴，喜高温。适合盆栽、悬吊，也可在阳光充足处做地被栽植。

11. 251 马蹄金(*Dichondra repens* Forst.) **creeping dichondra**
俗称马蹄草、黄胆草、九连环、金钱草等。旋花科马蹄
金属多年生草本植物。匍匐茎。叶互生，圆形或肾形，
基部心形。花小黄色；花冠钟形。蒴果近球形。广泛分
布在长江流域以南。喜温暖湿润气候，适应性、扩展性
强，耐轻微践踏，耐阴，抗旱性一般，耐寒性差，不耐
碱。适于细致、偏酸、潮湿而肥力低的土壤，可以形成
致密的草皮。

11. 252 三色苋 [*Alternanthera bettzickiana* （Regel） Nichols]
garden alternanthera 苋科莲子草属二年生多年生草本
植物。株高 15～35cm。叶片长圆形、阔卵形、长椭圆状
披针形或狭披针形；绿色、红色，或绿色杂以红色、黑
褐色或具有各种彩色斑纹。花腋生，3～5 朵集生成头
状，淡绿色或微白色。胞果卵圆形细小。原产热带和亚
热带，喜温暖湿润气候条件；不耐寒，生长适宜温度为
气温 20～25℃。以无性繁殖为主，再生力强，不耐
践踏。

参考文献

蔡项荣．1999．高尔夫用语英汉词典［M］．台北：联广图书股份有限公司．

陈佐忠，王代军，周禾．2002．新世纪新草坪［M］．北京：中国农业出版社．

陈佐忠，周禾．2006．草坪与地被科学进展［M］．北京：中国林业出版社．

韩烈保，等．1996．草坪建植与管理手册［M］．北京：中国林业出版社．

韩烈保．2004．高尔夫球场草坪［M］．北京：中国农业出版社．

韩烈保．2004．运动场草坪［M］．北京：中国农业出版社．

胡自治．2001．英汉植物群落名称词典［M］．兰州：甘肃科学技术出版社．

李树青．2004．足球场草坪管理与评估［M］．北京：北京体育大学出版社．

李扬汉．1984．植物学［M］．上海：上海科学技术出版社．

李作文，关正君．2007．园林宿根花卉400种［M］．沈阳：辽宁科学技术出版社．

李作文．2002．园林宿根花卉彩色图谱［M］．沈阳：辽宁科学技术出版社．

刘肇祎．2004．灌溉与排水分册［M］．北京：中国水利水电出版社．

任继周．1985．英汉农业词典［M］．北京：中国农业出版社．

任继周．2008．草业大辞典［M］．北京：中国农业出版社．

孙吉雄．1985．草坪学［M］．3版．北京：中国农业出版社．

孙吉雄．2004．草坪工程学［M］．北京：中国农业出版社．

孙吉雄.2006. 草坪技术手册——草坪工程［M］. 北京：化学工业出版社.

孙彦，周禾，杨青川.2001. 草坪实用技术手册［M］. 北京：化学工业出版社.

潭继清，潭志坚.2000. 新编中国草坪与地被［M］. 重庆：重庆出版社.

王乃康，等.2001. 现代园林机械［M］. 北京：中国林业出版社.

王学奎，李合生.2009. 英汉植物生理生化词汇［M］. 北京：科学出版社.

王忠.2009. 植物生理学［M］.2 版. 北京：中国农业出版社.

武维华.2008. 植物生理学［M］.2 版. 北京：科学出版社.

张宝鑫，白淑媛.2006. 地被植物景观设计与应用［M］. 北京：机械工业出版社.

张自和.2009. 草坪学通论［M］. 北京：科学出版社.

A. J. Turgeon. 2001. Turfgrass Management ［M］. 6th Edition. Prentice Hall.

Hans Mohr, Peter Schopfer. 1995. Plant physiology ［M］. Springer.

James B Beard. 2001. Turf Management for Golf Courses ［M］. 2nd Edition. Wiley.

James B. Beard. 1999. 高尔夫球场草坪［M］. 韩烈保，等编译. 北京：中国林业出版社.

中文索引

英文索引

A

abiotic stresses 92

abscisic acid, ABA 60

absolute growth rate, AGR 62

absolute water content 35

abundance 75

acarinids 150

accumulated temperature 85

aciculate chrysopogon 28

acid soil 38

active absorption of water 50

active accumulated temperature 85

adjustable nozzle 181

adventitious roots 9

aerating depth 116

aerating tool 174

aerobic decomposition 39

aerobic respiration 58

age of young plant or seedling 200

agricultural control 135

agrobacterium tumefaciens- mediated gene transfer 92

air broadcast 118

air humidity 88

air temperature 85

airport turf 5

air- cushion type rotating blade mower 172

air-dry soil 36

aizoon stonecrop 205

aleppo avens 213

alfalfa, lucerne 204

alien, naturalized plant 77

alkaligrass 21

alkaline soil 38

all through system 124

allelopathy 73

allopolyploids 92

alternate putting green 191

altitude 81

ammonification 39

ammonium nitrogen 43

amphidiploids 92

amplified fragment length polymorphism, AFLP 92

anaerobic decomposition 39

anaerobic respiration 58

anfiport 53

annual bluegrass 161

后　记

　　根据中国草学会草坪专业委员会第六届理事会的决定，2008 年 1 月初开始准备《草坪学名词》的酝酿和筹划。2008 年 1 月 11 日召开了第六届在京常务理事会第四次会议，商定并同意组建《草坪学名词》审定委员会。审定委员会主任由草坪专业委员会主任担任，草坪专业委员会的副主任委员为审定委员会成员，秘书长为秘书。同时确定了该书内容包括 11 部分，明确了每个部分的名称、词目数量、编写人员与任务分工。秘书处根据本次会议要求起草了编写提纲、要求与进度。

　　2008 年 3 月 12 日在中国农业大学召开了在京编写人员第一次会议，讨论《草坪学名词》一书词条、内容和分工。而后开始了正式编写工作。编写工作得到了参编人员的大力支持，经过大家近一年的努力，2009 年初完成了初稿。2009 年 5 月 26 日在中国农业大学召开了编写人员第二次会议。对编写中存在的问题进行了详细讨论，并开始进行修改、补充和进一步完善。2010 年 8 月修改的第二稿完成。为了使名词更加完善和风格的统一，审定委员会特别聘请陈佐忠、孙吉雄、孟昭仪三位先生对修改稿进一步审阅。根据他们的审阅意见，秘书处进行了汇总。

　　《草坪学名词》一书，从酝酿、筹划到初稿、成稿、出版，历时 6 年，凝聚了中国草坪科学领域专家、学者的智慧。倾注着他们大量的辛劳与汗水，同时也得到了草坪界许多同仁的大力支持和关怀。在此，我们对他们的辛勤劳动和关怀表示衷心的感谢。尽管我们十分尽力，但是由于编者水平有限，不足之处在所难免，敬请草坪界同仁不吝指正。

《草坪学名词》编委会
2013 年 1 月